网店美工必读

Photoshop

淘宝、天猫、微店 设计与装修实战100例

【PC 端+手机端】

凤凰高新教育◎编著

北京大学出版社

PEKING UNIVERSITY PRESS

内 容 提 要

全书由网店美工高手及网店运营总监编写，旨在帮助想从事网店美工工作的初学者快速掌握网店设计与装修的知识和技能。全书分3篇共12章内容，从"实战应用"的角度出发，通过100个典型的案例剖析与制作，讲解网店美工图像处理的实战技能，如淘宝、天猫、微店设计与装修的相关实战技能。并安排了15个"美工经验"的内容分享，让读者快速从网店美工新手晋升为网店装修大师。

本书内容全面，讲解清晰，图文直观，既适合网上开店的店主学习使用，也适合想从事网店美工而又缺乏设计经验与实战的读者学习参考。同时，还可以作为大、中专院校，各类社会培训班的教材参考用书。

图书在版编目(CIP)数据

网店美工必读 Photoshop淘宝、天猫、微店设计与装修实战100例：PC端+手机端 / 凤凰高新教育编著. — 北京：北京大学出版社，2018.4
ISBN 978-7-301-29228-0

Ⅰ.①网… Ⅱ.①凤 Ⅲ.①图象处理软件 Ⅳ.①TP391.413

中国版本图书馆CIP数据核字(2018)第026907号

书　　　名	**网店美工必读 Photoshop淘宝、天猫、微店设计与装修实战100例（PC端+手机端）**
	WANGDIAN MEIGONG BI DU PHOTOSHOP TAOBAO TIANMAO WEIDIAN SHEJI YU ZHUANGXIU SHIZHAN 100 LI
著作责任者	凤凰高新教育　编著
责任编辑	尹　毅
标准书号	978-7-301-29228-0
出版发行	北京大学出版社
地　　址	北京市海淀区成府路205号　100871
网　　址	http://www.pup.cn　新浪微博：@北京大学出版社
电子信箱	pup7@pup.cn
电　　话	邮购部62752015　发行部62750672　编辑部62570390
印刷者	北京宏伟双华印刷有限公司
经销者	新华书店
	787毫米×1092毫米　16开本　20.25印张　558千字
	2018年4月第1版　2022年7月第7次印刷
印　　数	10001—12000册
定　　价	79.00元

前言
Foreword

电子商务的快速发展，促使越来越多的企业、个人选择在网上开店销售产品。而无论开淘宝、天猫店，还是基于手机端开微店，网店的设计与装修都显得尤为重要。网店设计与装修的好坏，是决定网店经营成功与失败的重要因素。

在网店设计中，美工使用最多、最流行的图像处理与设计软件当属著名的 Photoshop 软件。因 Photoshop 具有易于操作、功能强大的特点，所以它被广泛应用于网店美工设计与图像处理工作中。本书主要针对有一定美工设计基础但缺乏网店设计与装修实战经验的读者，目的是通过 100 个经典案例的同步学习和操作，提升和强化读者应用 Photoshop 进行网店装修与设计的实战水平。

本书特色

本书按照"宝贝图片优化篇→淘宝、天猫设计篇→微店设计篇"为写作线索来安排内容，具有以下特色。

◎ 案例丰富，参考性强。全书安排了 76 个实战案例和 24 个同步实训案例，完整地讲解了网店美工工作中应用 Photoshop 对淘宝、天猫、微店设计与装修的实战技能。

◎ 同步视频，易学易会。本书中所有案例均配有与书同步的多媒体语音教学视频，书与视频教程结合学习，轻松掌握所学知识。

◎ 双栏排版，全彩印刷。本书采用"双栏高清"排版方式，信息容量是传统单栏排版图书的两倍，并且采用"全彩印刷"模式，真实还原案例实际效果及操作界面，让读者看得清楚，直接提高学习效率。

学习资源

一、与书同步的素材文件与结果文件

（1）素材文件，即本书中所有章节实例的素材文件。全部收录在网盘中的"\ 素材文件 \ 第 * 章 \"文件夹中。读者在学习时，可以参考图书讲解内容，打开对应的素材文件进行同步操作练习。

（2）结果文件，即本书中所有章节实例的最终效果文件。全部收录在网盘中的"\ 结果文件 \ 第 * 章 \"文件夹中。读者在学习时，可以打开结果文件，查看其实例的制作效果，为自己在学习中的练习操作提供参考帮助。

二、实用的开店视频教程

（1）与书同步的 12 小时视频教程，手把手教会读者装修出品质店铺。

（2）1 小时"手把手教你把新品打造成爆款"视频教程。

（3）3 小时"手机淘宝开店、装修、管理、运营、推广、安全从入门到精通"视频教程。

（4）5 小时"淘宝、天猫、微店开店、装修、运营与推广从入门到精通"视频教程。

三、制作精美的 PPT 课件

四、超值、实用的电子书

（1）你不能不知道的 100 个卖家经验与赢利技巧。

（2）不要让差评毁了你的店铺—应对差评的 10 种方案。

（3）新手开店快速促成交易的 10 种技能。

（4）10 招搞定"双 11、双 12"营销活动。

（5）网店美工必备配色手册。

五、超人气网店装修与设计素材库

（1）28 款详情页设计与描述模板。　　（5）396 个关联多图推荐格子模板。

（2）46 款搭配销售套餐模板。　　　　（6）500 个精美店招模板。

（3）162 款秒杀团购模板。　　　　　　（7）660 款设计精品水印图案。

（4）200 套首页装修模板。　　　　　　（8）2000 款漂亮店铺装修素材。

温馨提示：

以上资源，请用微信扫描下方任意二维码关注公众号，输入代码 HT6257846，获取下载地址及密码。另外，在微信公众号中，还提供了丰富的图文教程和视频教程，读者可随时随地给自己充电学习。

资源下载　　　　　　官方微信公众号

本书作者

本书由凤凰高新教育策划并组织编著。本书作者为电商实战派专家，在淘宝、天猫、微店设计与装修方面有很深的造诣。同时，本书也得到了众多淘宝、天猫、微店运营高手及美工高手的支持，他们为本书提供了自己多年的实战经验，在此表示衷心的感谢。同时，由于计算机技术发展非常迅速，书中疏漏和不足之处在所难免，敬请广大读者及专家指正。若在学习过程中产生疑问或有任何建议，可以通过 E-mail 或 QQ 群联系。

投稿信箱：pup7@pup.cn

读者信箱：2751801073@qq.com

读者交流 QQ 群：218192911（办公之家群）、586527675（办公之家群 2）

目录
Contents

第3篇
微店设计篇

第 1 篇
宝贝图片优化篇

想要在网店中完美地展现出宝贝的特质，吸引住眼球，除了需要学习专业的拍摄技法外，还需要掌握一些宝贝后期处理技法。使用 Photoshop 处理宝贝图片，可以修复宝贝拍摄过程中存在的问题，呈现出宝贝最吸引人的一面。本篇主要讲解了如何使用 Photoshop 软件优化宝贝图片，包括宝贝图片构图与画面优化、宝贝图片光影与色彩优化等内容。本篇主要包含以下章节内容。

- 第 1 章 宝贝图片构图与画面优化
- 第 2 章 宝贝图片光影与色彩优化

第1章
宝贝图片构图与画面优化

本章导读　　在拍摄宝贝过程中，有时宝贝构图、宝贝细节及画面拍摄得不是很好，这时就可以通过美工后期处理来解决，还可以对宝贝图片进行艺术处理。网店通过图片展示宝贝和实体店用橱窗来吸引顾客是异曲同工的，美观度是"重中之重"。本章主要学习如何使用 Photoshop 对宝贝图片进行构图优化、画面优化及艺术处理相关方法与技能。希望读者掌握基本的操作方法，并学会熟练应用。

知识要点

☆ 使用裁剪修改宝贝图片　　　　　　☆ 校正拍摄倾斜的宝贝照片
☆ 宝贝图片清晰度优化处理　　　　　☆ 宝贝图片的降噪优化处理
☆ 去除宝贝照片中多余对象　　　　　☆ 虚化宝贝的背景突出宝贝
☆ 模特美白处理　　　　　　　　　　☆ 模特人物身材处理
☆ 更换宝贝图片的背景颜色　　　　　☆ 宝贝场景展示合成

案例展示

1.1　宝贝构图问题优化处理

相机拍摄的宝贝照片不能直接上传到店铺，需要按要求进行调整处理，如画面倾斜的照片还需拉直，这样顾客浏览起来更加轻松。本节将介绍宝贝构图问题优化处理的方法。

001 实战：使用裁剪修改宝贝图片

※ 案例说明

如果宝贝拍摄的背景范围太大，可以使用 Photoshop 中的裁剪工具裁剪，以便突出宝贝主题。裁剪宝贝完成后的效果对比如图 1-1 所示。

图 1-1

※ 思路解析

宝贝周围的空白太多，会削弱宝贝的展示效果。本实例首先创建裁剪框，其次调整裁剪框的大小，最后完成裁剪，制作流程及思路如图 1-2 所示。

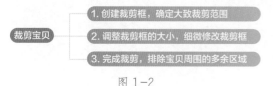

图 1-2

※ 步骤详解

Step01 打开宝贝素材。按【Ctrl+O】组合键，打开"网盘 \ 素材文件 \ 第 1 章 \ 心形项链 .jpg"文件，如图 1-3 所示。

图 1-3

Step02 裁剪宝贝。选择工具箱中【裁剪工具】，按住鼠标左键不放，拖动裁剪出需要的区域，如图 1-4 所示。

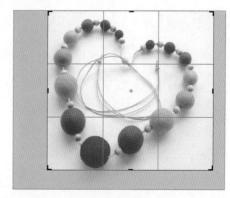

图 1-4

Step03 调整裁剪框大小。在裁剪框上拖动，调整裁剪框大小，如图 1-5 所示。

图 1-5

Step04 完成裁剪。按【Enter】键完成，裁剪后的宝贝图片如图 1-6 所示。

图 1-6

进入裁剪状态时，移动鼠标指针到裁剪框四角位置，鼠标指针变为 ↰ 形状，拖动鼠标，可以旋转裁剪框。

移动鼠标指针到裁剪框内部，鼠标指针变为 ▶ 形状，拖动鼠标可以调整裁剪内容。

002 实战：校正拍摄倾斜的宝贝照片

※ 案例说明

拍摄宝贝时，由于摆放角度问题，宝贝拍出来有时是倾斜的，这时可以在 Photoshop 中进行校正。校正倾斜宝贝完成后的效果对比如图 1-7 所示。

图 1-7

※ 思路解析

倾斜照片重心不稳，会影响宝贝的展示效果。本实例首先使用标尺工具拉直图像，接下来

填充旋转图像后出现的透明区域，制作流程及思路如图 1-8 所示。

校正倾斜宝贝 ├─ 1. 使用标尺工具拉直图像
└─ 2. 填充旋转图像后出现的透明区域

图 1-8

※ 步骤详解

Step01 打开宝贝素材。按【Ctrl+O】组合键，打开"网盘 \ 素材文件 \ 第 1 章 \ 茶杯 .jpg"文件，如图 1-9 所示。

图 1-9

Step02 创建参考。选择工具箱中【标尺工具】▦，沿图像中与宝贝处于同一水平位置拖动一条直线，如图 1-10 所示。

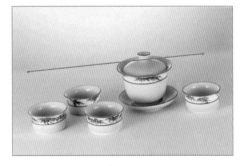

图 1-10

按住【Ctrl】键拖动【标尺工具】，可以拉出水平、垂直和 45 度角的直线。

Step03 拉直图像。单击选项栏中【拉直图层】按钮，将宝贝拉直，如图 1-11 所示。

图 1-11

Step04 填充边缘。选择工具箱中【矩形选框工具】 ，选中左上角透明区域，如图 1-12 所示。

图 1-12

Step05 内容识别填充。按【Shift+F5】组合键，执行【填充】命令，设置填充内容为内容识别，单击【确定】按钮，如图 1-13 所示。

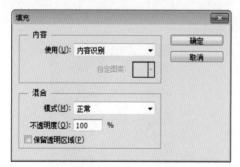

图 1-13

Step06 内容识别填充效果。使用相同的方法填充宝贝四周的透明区域，效果如图 1-14 所示。

图 1-14

专家答疑

问：什么是内容识别填充？

答：内容识别填充能够快速地填充一个选区，用来填充这个选区的像素是通过感知该选区周围的内容得到的，使填充结果看上去像是真的一样。

美工经验

根据需要修改宝贝尺寸

网店的详情页、主图等都有尺寸要求，淘宝详情页电脑端的常用尺寸宽度为 750 像素，长度不限制。淘宝主图标准尺寸最大为 800 像素 × 800 像素，下面根据淘宝店的主图尺寸要求来调整详情页尺寸。

第 1 步：打开"网盘\素材文件\第 1 章\地垫.jpg"文件，如图 1-15 所示。按【Alt+Ctrl+I】组合键，打开【图像大小】对话框，如图 1-16 所示。

图 1-15

图 1-16

第 2 步：在【图像大小】对话框中，修改【宽度】为 750 像素，如图 1-17 所示。通过前面的操作，将宝贝修改为指定尺寸，如图 1-18 所示。

图 1-17

图 1-18

1.2 **宝贝画面问题优化及艺术处理**

宝贝图片不够完美时需要进行后期处理，如宝贝图片清晰度优化处理、宝贝图片的降噪优化处理、去除宝贝照片中多余对象等，使用后期处理后的图片能增强网店整体的美观度，增加顾客的购买欲望。本节将介绍如何对画面问题进行处理。

003 实战：宝贝图片清晰度优化处理

※ 案例说明

如果宝贝照片出现模糊，可以使用 Photoshop 中的相关命令进行处理，让宝贝图片变得清晰，其前后对比效果如图 1-19 所示。

图 1-19

※ 思路解析

锐化宝贝时，要掌握适度原则，锐化过度的宝贝会丧失真实性。本实例首先调整宝贝的饱和度，接下来对宝贝进行锐化，制作流程及思路如图 1-20 所示。

图 1-20

※ 步骤详解

Step01 打开宝贝素材。按【Ctrl+O】组合键，打开"网盘\素材文件\第 1 章\花瓶 .jpg"文件，如图 1-21 所示。

图 1-21

Step02 调整饱和度。执行【图像】→【调整】→【自然饱和度】命令，设置参数如图 1-22 所示。调整饱和度后，宝贝色彩变得鲜艳，如图 1-23 所示。

图 1-22

图 1-23

Step03 调整清晰度。执行【滤镜】→【锐化】→【防抖】命令，设置参数如图 1-24 所示。通过前面的操作，宝贝变得更加清晰，如图 1-25 所示。

图 1-24

图 1-25

004 实战：宝贝图片的降噪优化处理

※ 案例说明

如果宝贝照片中噪点过多，可以在 Photoshop 中通过相应操作进行降噪处理，其前后对比效果如图 1-26 所示。

图 1-26

※ 思路解析

宝贝出现噪点除了本身原因外，还与拍摄光线有关。本实例首先复制背景图层，其次去除宝贝噪点，最后添加图层蒙版。由于去除噪点时，丢失了部分细节，这时可以通过图层蒙版恢复细节和高光，制作流程及思路如图 1-27 所示。

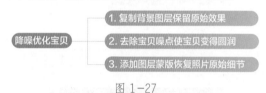

图 1-27

※ 步骤详解

Step01 打开宝贝素材。按【Ctrl+O】组合键，打开"网盘\素材文件\第 1 章\玉罐 .jpg"文件，如图 1-28 所示。

图 1-28

Step02 复制背景。按【Ctrl+J】组合键，复制背景图层，如图 1-29 所示。

图 1-29

Step03 去除杂色。执行【滤镜】→【杂色】→【中间值】命令，设置参数如图 1-30 所示。通过前面的操作，去除宝贝的噪点，如图 1-31 所示。

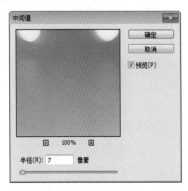

图 1-30

图 1-31

Step04 添加并修改图层蒙版。单击【添加图层蒙版】按钮，为图层添加图层蒙版，如图 1-32 所示。使用黑色【画笔工具】在宝贝边缘位置涂抹，恢复细节和高光，最终效果如图 1-33 所示。

图 1-32

图 1-33

005 实战：去除宝贝照片中多余对象

※ 案例说明

如果宝贝照片中有多余的对象，可以在 Photoshop 中去除多余对象。其前后对比效果如图 1-34 所示。

图 1-34

※ 思路解析

去除宝贝照片中多余对象后，可以强化视觉聚焦范围。本实例首先通过修补工具去除多余对象，接下来使用仿制图章工具清除残留对象，制作流程及思路如图 1-35 所示。

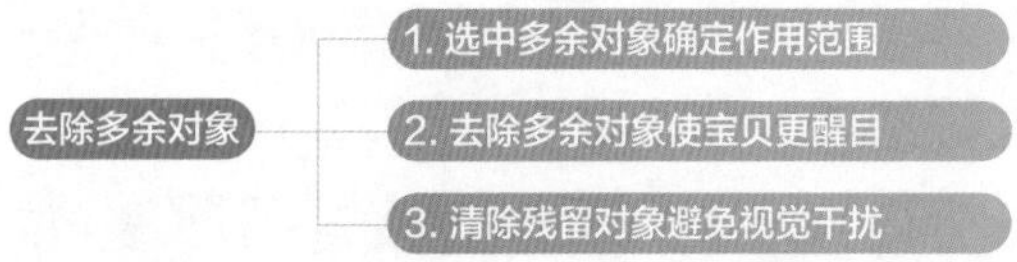

去除多余对象

1. 选中多余对象确定作用范围

2. 去除多余对象使宝贝更醒目

3. 清除残留对象避免视觉干扰

图 1-35

※ 步骤详解

Step01 **打开宝贝素材。** 按【Ctrl+O】组合键，打
开"网盘\素材文件\第1章\发箍.jpg"文件，
如图 1-36 所示。

图 1-36

Step02 **创建去除选区。** 选择【修补工具】 ，
沿着多余对象的边缘拖动鼠标，如图 1-37 所示。
释放鼠标后，自动生成选区，如图 1-38 所示。

图 1-37

图 1-38

Step03 **去除多余对象。** 移动鼠标指针到选区内
部，拖动到左侧适当位置，如图 1-39 所示。释放鼠
标后，系统自动进行清除，效果如图 1-40 所示。

图 1-39

图 1-40

Step04 **定义取样点。** 选择【仿制图章工具】 ，
按住【Alt】键，再单击定义取样点，如图 1-41
所示。

图 1-41

Step05 **清除残余对象。** 在残余对象上拖动鼠标，
清除残余对象，如图 1-42 所示。继续清除对象，
最终效果如图 1-43 所示。

图 1-42

图 1-43

006 实战：虚化宝贝的背景突出宝贝

※ 案例说明

　　将背景虚化后，可以使宝贝更明显，在 Photoshop 中虚化宝贝背景，其前后对比效果如图 1-44 所示。

图 1-44

※ 思路解析

　　虚化背景不仅可以突出宝贝，还可以创建一种朦胧的艺术效果。本实例首先选中宝贝，其次羽化并反向选区，最后高斯模糊背景，制作流程及思路如图 1-45 所示。

图 1-45

※ 步骤详解

Step01 打开宝贝素材并创建选区。 按【Ctrl+O】组合键，打开"网盘＼素材文件＼第 1 章＼童裙 .jpg"文件，使用【套索工具】 选中裙子，如图 1-46 所示。

图 1-46

Step02 羽化选区。按【Shift+F6】组合键，执行【羽化选区】命令，设置参数如图 1-47 所示。

图 1-47

Step03 反向选区。按【Ctrl+Shift+I】组合键，反向选区，如图 1-48 所示。

图 1-48

Step04 模糊宝贝。执行【滤镜】→【模糊】→【高斯模糊】命令，设置参数如图 1-49 所示。模糊效果如图 1-50 所示。

图 1-49

图 1-50

Step05 取消选区。按【Ctrl+D】组合键取消选区，最终效果如图 1-51 所示。

图 1-51

007 实战：模特美白处理

※ 案例说明

模特美白后，可以使产品得到更好的展示，在 Photoshop 中美白模特，从而更加突出产品珠宝，其前后对比效果如图 1-52 所示。

图 1-52

※ 思路解析

模特拍摄效果不够好时，可以通过后期处理，得到光滑白晰的肌肤。本实例首先为模特添加唇彩，增加宝贝鲜艳度，其次调亮照片，同时珠宝也被调亮而损失了部分细节，最后通过图层蒙版，恢复过亮的珠宝色泽，制作流程及思路如图 1-53 所示。

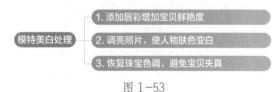

图 1-53

※ 步骤详解

Step01 打开宝贝素材并创建选区。按【Ctrl+O】组合键，打开"网盘\素材文件\第1章\珠宝模特 .jpg"文件，如图 1-54 所示。

图 1-54

Step02 添加唇彩。选择【海绵工具】 ，
在选项栏中，设置【模式】为加色，【流量】为
20%，在模特嘴唇上涂抹，使其唇色更加鲜艳，
如图 1-55 所示。

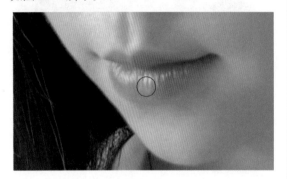

图 1-55

Step03 增加宝贝鲜艳度。使用相同的方法，增
加宝贝的鲜艳度，如图 1-56 所示。

图 1-56

Step04 复制背景。按【Ctrl+J】组合键，复制背
景图层，如图 1-57 所示。

图 1-57

Step05 调亮照片。按【Ctrl+M】组合键，执行
【曲线】命令，向上方拖动曲线，如图 1-58 所
示。最终效果如图 1-59 所示。

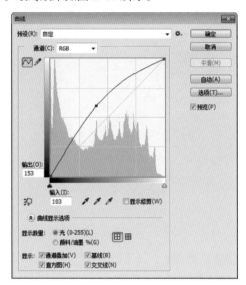

图 1-58

图 1-59

Step06 恢复珠宝色调。为图层 1 添加图层蒙版，如图 1-60 所示，使用黑色【画笔工具】 ✍ 在珠宝位置涂抹，恢复珠宝色调，如图 1-61 所示。

图 1-60

图 1-61

如果照片为 RGB 模式，则曲线向上弯曲时，可以将色调调亮；曲线向下弯曲时，可以将色调调暗；曲线为 S 形时，可以加大照片的对比度。

如果照片为 CMYK 模式，调整方式相反。

008 实战：模特人物身材处理

※ **案例说明**

模特的身材不够完美，展示衣服时上身效果也会大打折扣，在 Photoshop 中对模特的身材进行处理，其前后对比效果如图 1-62 所示。

图 1-62

※ **思路解析**

高挑的模特可以使展示的宝贝更上档次。本实例首先将照片变窄，使模特看起来更高挑，其次拉长模特的双腿，并调整过长的脚部，最后对背景进行完善和修复，制作流程及思路如图 1-63 所示。

模特身材处理
1. 将照片变窄，增高人物模特
2. 拉长模特腿部，并恢复过长的脚部
3. 修复背景，使杂乱的背景得到恢复

图 1-63

※ **步骤详解**

Step01 打开宝贝素材并创建选区。打开"网盘＼素材文件＼第 1 章＼碎花裙模特 .jpg"文件，按【Ctrl+J】组合键，复制背景图层，得到"图层 1"，按【Ctrl+A】组合键将照片全部选中。如图 1-64 所示。

图 1-64

Step02 变换照片。按【Ctrl+T】组合键执行自由变换，向中间拖动变形框的控制点，将照片整体变窄，使人物显得更瘦，如图 1-65 所示。

图 1-65

Step03 更改画布大小。执行【图像】→【画布大小】命令，设置【高度】为 38 厘米；单击【向上定位点】，如图 1-66 所示。在照片下方增加空白区域，如图 1-67 所示。

图 1-66

图 1-67

Step04 创建选区。选择工具箱中的【矩形选框工具】，在人物腿部创建选区，如图 1-68 所示。

图 1-68

Step05 拉长腿部。按【Ctrl+T】组合键执行自由变换，向下拖动控制点将腿部拉长，如图 1-69 所示。

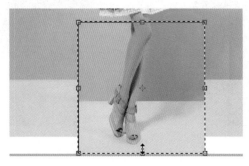

图 1-69

Step06 缩短脚部。选中脚部图像，按【Ctrl+T】组合键执行自由变换，向上拖动控制点将脚部适当缩短，如图 1-70 所示。

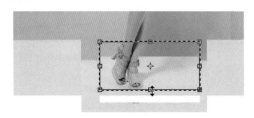

图 1-70

Step07 吸取颜色并填充选区。使用【矩形选框工具】创建选区，使用【吸管工具】吸取颜色，按【Ctrl+Delete】组合键填充选区，如图 1-71 所示。

图 1-71

Step08 吸取颜色并填充选区。使用相似的方法填充修补背景，如图 1-72 所示。最终效果如图 1-73 所示。

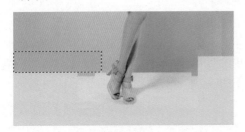

图 1-72

图 1-73

问：填充颜色后怎么会有色带？

答：因为照片背景不是纯色，填充纯色时，可能会因为细微色差出现色带。在这种情况下，可以选择色带边缘，进行内容识别填充，使色带融入背景中。

美工经验

宝贝拍摄技巧

拍摄宝贝时，构图是摄影者艺术创作的体现，通过不同的构图表达摄影者的意图和想法，构图决定摄影者构思的实现，决定宝贝展示的成败。构图，其实是没有标准模式的，所有能打动观赏者，能让观赏者常看不厌的构图画面都是好的构图。下面分析一些常用的宝贝构图方式。

1. 水平拍摄

水平拍摄是一种绝大多数人习惯使用的拍摄方式，它最接近人们通常的视线，在透视上与人眼观察宝贝的印象很相近，这种角度会产生身临其境的亲切感受，如图 1-74 所示。

水平拍摄一般不会发生变形，是比较容易控制的拍摄角度。从正面方向拍摄宝贝，画面会显得直观、自然。但水平拍摄缺乏角度的变化以及空间的效果，看多了同一角度拍摄的画面就会感到平淡而乏味。

图 1-74

2. 俯拍

俯拍就是站在高于被摄体的地方拍摄，俯拍有利于表现宝贝的层次、增强宝贝的立体效果。此角度适合表现宝贝的全貌，如图 1-75 所示。

图 1-75

3.仰拍

仰拍即站在较低的角度进行的拍摄。仰拍常用来表现崇高、伟大、威严等特征，可表现出活跃向上的精神，如图 1-76 所示。低角度以仰拍方式拍摄模特，可以让模特的形象变得伟岸、挺拔，如果与人物背后的建筑物等陪体相比，人物的形象会更加高大。拍摄时，为了让仰拍的效果更突出，还可以采取下蹲甚至躺下的姿势来寻找最佳的拍摄角度。

图 1-76

1.3 同步实训

通过前面内容的学习，相信读者已熟悉了在 Photoshop 中进行宝贝图片构图与画面优化技能。为了巩固所学内容，下面安排两个同步训练，读者可以结合思路解析自己动手强化练习。

009 实训：更换宝贝图片的背景颜色

宝贝拍摄得再完美，如果没有背景的衬托，效果也会大打折扣，在 Photoshop 中更换宝贝图片的背景颜色，前后对比效果如图 1-77 所示。

图 1-77

※ 思路解析

宝贝背景要起到衬托宝贝的作用，不能喧宾夺主。本实例首先结合魔棒工具和快速蒙版操作选中宝贝背景，其次羽化选区，最后为背景填充适当的颜色，制作流程及思路如图 1-78 所示。

更改宝贝背景颜色
1. 选中宝贝背景，便于更改色彩
2. 细微羽化选区，避免填色过于生硬
3. 填充背景，更改宝贝背景颜色

图 1-78

※ 关键步骤

关键步骤一：打开宝贝素材并创建选区。打开"网盘\素材文件\第 1 章\包包 .jpg"文件。

关键步骤二：选择背景。选择【魔棒工具】，在背景位置单击选择背景。

关键步骤三：加选背景。按住【Shift】键，单击加选背景。

关键步骤四：进入快速蒙版。按【Q】键，进入快速蒙版状态。

关键步骤五：修改快速蒙版。使用黑色【画笔工具】，在右侧白色位置涂抹，修改快速蒙版。

关键步骤六：羽化选区。按【Shift+F6】组合键，执行【羽化选区】命令。

关键步骤七：填充选区。设置前景色为洋红色 #e325f5，按【Alt+Delete】组合键，为选区填充洋红色。

010 实训：宝贝场景展示合成

将宝贝置于特殊的场景中，可以使宝贝的功

能得到形象的展示，在 Photoshop 中合成宝贝场景，其前后对比效果如图 1-79 所示。

图 1-79

※ 思路解析

合成场景时，要结合宝贝的功能进行思考，场景合成时，要符合常识。本实例首先将宝贝合成到场景中，其次为宝贝增加统一的光晕，最后使用调整图层统一整体色彩风格，制作流程及思路如图 1-80 所示。

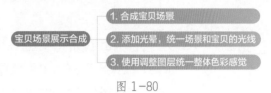

图 1-80

※ 关键步骤

关键步骤一：打开宝贝素材并选择宝贝。打开"网盘\素材文件\第1章\假花.jpg"文件，使用【魔棒工具】 选中背景，按【Ctrl+Shift+I】组合键反向选区。

关键步骤二：合成宝贝场景。打开"网盘\素材文件\第1章\窗台.jpg"文件。将假花拖动到窗台照片中，调整大小和位置。

关键步骤三：合成宝贝场景。执行【滤镜】→【渲染】→【镜头光晕】命令，设置参数。

关键步骤四：创建调整图层。创建照片滤镜调整图层，调整图像整体色调。

关键步骤五：调整照片滤镜参数。在【属性】面板中设置参数。

第2章
宝贝图片光影与色彩优化

本章导读

       光影和色彩的偏差是在拍摄宝贝时经常会出现的失误。宝贝照片拍摄完成后，如果出现光影和色彩方法方面的问题，传到网店会影响宝贝展示，但这并非没有补救方法。本章将介绍宝贝光影和色彩方法的调整方法，包括修复曝光不足的宝贝照片、修复逆光宝贝照片等。

知识要点

☆ 修复曝光不足的宝贝照片   ☆ 修复曝光过度的宝贝照片

☆ 修复逆光宝贝照片   ☆ 调出暖色调宝贝照片

☆ 调出浪漫紫色调宝贝照片   ☆ 校正偏色的宝贝照片

☆ 更改宝贝照片颜色   ☆ 打造艺术色感宝贝照片

☆ 打造聚焦宝贝照片

案例展示

2.1　宝贝光影问题调整

光与影的交相辉映，正如明与暗的对比，是图片不可或缺的重要元素，只要使用适宜，就能为宝贝展示带来画龙点睛之效，创造出夺人眼球的效果。只有光影正常，宝贝外观才能更清晰的呈现，所以一旦出现光影的问题就需要对图片进行修复。本节将介绍宝贝光影问题调整优化处理的方法。

011 实战：修复曝光不足的宝贝照片

※ 案例说明

宝贝拍摄时曝光不足，可能导致宝贝细节无法识别，使用 Photoshop 可以轻松修复这类问题。修复完成后的对比效果如图 2-1 所示。

图 2-1

※ 思路解析

曝光不足是常见的宝贝拍摄问题。本实例首先调整亮度，其次调整对比度，最后调整宝贝饱和度，制作流程及思路如图 2-2 所示。

图 2-2

※ 步骤详解

Step01 打开宝贝素材。按【Ctrl+O】组合键，打开"网盘＼素材文件＼第 2 章＼多肉植物 .jpg"文件，如图 2-3 所示。

图 2-3

Step02 调整亮度和对比度。执行【图像】→【调整】→【亮度 / 对比度】命令，设置参数后，单击【确定】按钮，如图 2-4 所示。最终效果如图 2-5 所示。

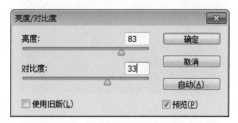

图 2-4

图 2-5

Step03 调整饱和度。按【Ctrl+U】组合键，执行【色相 / 饱和度】命令，设置【饱和度】为 25，单击【确定】按钮，如图 2-6 所示。最终效果如图 2-7 所示。

图 2-6

图 2-7

设置饱和度参数时要适宜，不要过大，否则容易引起宝贝缺乏真实感。

012 实战：修复曝光过度的宝贝照片

※ 案例说明

宝贝照片曝光不足和曝光过度都会影响宝贝展示，本实例将修复曝光过度的宝贝照片，前后对比效果如图 2-8 所示。

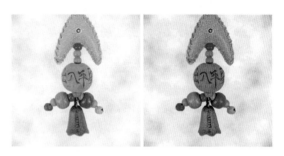

图 2-8

※ 思路解析

曝光过度常是由于拍摄宝贝时，光线过亮引起的，本实例首先调整对比度修复照片过亮现象，接下来调整阴影，制作流程及思路如图 2-9 所示。

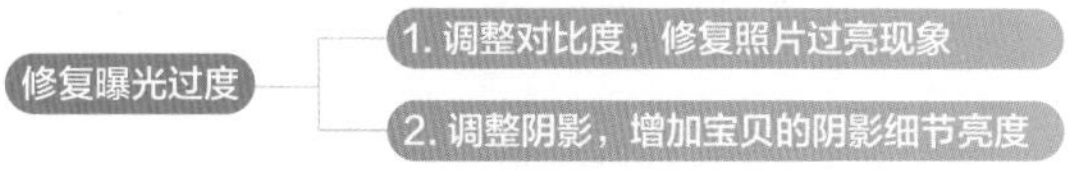

修复曝光过度 ——— 1. 调整对比度，修复照片过亮现象
　　　　　　　 ——— 2. 调整阴影，增加宝贝的阴影细节亮度

图 2-9

※ 步骤详解

Step01 打开宝贝素材。按【Ctrl+O】组合键，打开"网盘＼素材文件＼第 2 章＼挂饰 .jpg"文件，如图 2-10 所示。

图 2-10

Step02 调整对比度。按【Ctrl+L】组合键，执行【色阶】命令，调整【输入色阶】参数值（26，0.55，255），如图 2-11 所示。最终效果如图 2-12 所示。

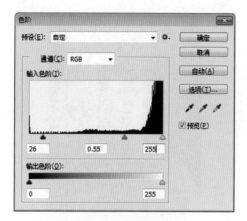

图 2-11

图 2-12

Step03 调整阴影。执行【图像】→【调整】→【阴影/高光】命令，设置阴影【数量】为100%，单击【确定】按钮，如图2-13所示。最终效果如图2-14所示。

图 2-13

图 2-14

专家答疑

问：调整阴影有什么作用？

答：通过色阶命令，调整照片的整体对比度后，照片过亮的情况得到解决，但是，宝贝阴影细节偏暗，通过调整阴影，使宝贝的阴影细节得到修复。

013 实战：修复逆光宝贝照片

※ 案例说明

拍摄宝贝时，背对光源，就会出现逆光现象。逆光可以在Photoshop中进行修复，修复完成后的对比效果如图2-15所示。

图 2-15

※ 思路解析

逆光是主体或部分主体偏暗，本实例首先使用【阴影／高光】命令调整阴影区域，其次选中阴影进行细调，最后调整饱和度，制作流程及思路如图 2-16 所示。

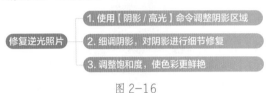

图 2-16

※ 步骤详解

Step01 打开宝贝素材。按【Ctrl+O】组合键，打开 "网盘＼素材文件＼第 2 章＼男童模特 .jpg" 文件，如图 2-17 所示。

图 2-17

Step02 调整阴影。执行【图像】→【调整】→【阴影／高光】命令，设置阴影【数量】为 78%，单击【确定】按钮，如图 2-18 所示。最终效果如图 2-19 所示。

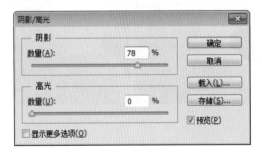

图 2-18

图 2-19

Step03 创建选区。使用【套索工具】创建选区，如图 2-20 所示。

图 2-20

Step04 羽化选区。按【Shift+F6】组合键，执行【羽化选区】命令，设置【羽化半径】为 30 像素，单击【确定】按钮，如图 2-21 所示。

图 2-21

Step05 调整曲线。执行【图像】→【调整】→【曲线】命令，拖动调整曲线形状，单击【确定】按钮，如图 2-22 所示。最终效果如图 2-23 所示。

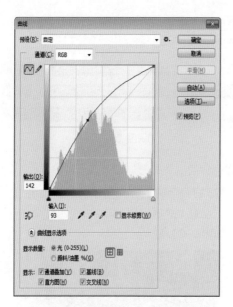

图 2-22

图 2-23

Step06 调整自然饱和度。执行【图像】→【调整】→【自然饱和度】命令，设置【自然饱和度】为 21、【饱和度】为 10，单击【确定】按钮，如图 2-24 所示。最终效果如图 2-25 所示。

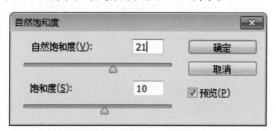

图 2-24

图 2-25

专家答疑

问：饱和度和自然饱和度的区别是什么？

答：调整饱和度会增加或减少照片的色彩鲜艳度，有时会出现色彩过艳的情况。调整自然饱和度也会增加或减少照片的色彩鲜艳度，但调整过程会避免出现过于鲜艳的情况。

美工经验

光线的使用

商品拍摄与其他摄影题材相比，在光线的使用方面有一定的区别。下面介绍两种拍摄商品的光线使用方法。

1. 室内自然光

由于室内自然光是由户外自然光通过门窗等射入室内的光线，方向明显，极易造成物体受光部分和阴暗部分的明暗对比。既不利于追求物品的质感，也很难完成其色彩的表现。对于拍摄者来讲，运用光线的自由程度会受到限制。

要改变拍摄对象明暗对比过大的问题，一是要设法调整自己的拍摄角度，改善商品的受光条件，加大拍摄对象与门窗的距离；二是合理的利用反光板，使拍摄对象的暗处局部受光，以此来缩小商品的明暗差别。利用室内自然光拍摄商品照片，如果用光合理、准确、拍摄角度适当，不但能使商品的纹路清晰，层次分明，还能达到拍摄对象受光亮度均匀、画面气氛逼真的效果。

2．人工光源

人工光源主要是指各种灯具发出的光。这种光源是商品拍摄中使用非常多的一种光源。它的发光强度稳定，光源的位置和灯光的照射角度可以根据自己的需要进行调节。

在一般情况下，商品拍摄是依靠被摄商品的特征吸引顾客的注意，光线的使用会直接关系到被摄商品的表现。要善于运用光线明与暗、强与弱的对比关系，了解不同位置的光线所能产生的效果。

2.2 宝贝色彩问题调整

自然界充满了无限丰富且变化万象的色彩，摄影通过捕捉这些色彩的变化，能如马良的神笔般让画面提升生命力。想要使宝贝更生动鲜明地展现给顾客，需要我们合理解决色彩问题。对于宝贝色彩问题的调整，主要是调整宝贝的颜色及校正偏色的宝贝照片。本节将介绍这些问题的处理方法。

014 实战：调出暖色调宝贝照片

※ 案例说明

顾名思义，暖色调是一种温暖的色调，使用 Photoshop 中的相关命令调出暖色调宝贝照片，其前后对比效果如图 2-26 所示。

图 2-26

※ 思路解析

根据宝贝的用途，可以进行暖色调调整。本实例首先调整宝贝的色调，其次调整宝贝的亮度

和对比度，最后填充黄色增加暖色效果，制作流程及思路如图 2-27 所示。

图 2-27

※ 步骤详解

Step01 打开宝贝素材。按【Ctrl+O】组合键，打开"网盘\素材文件\第 2 章\四件套 .jpg"文件，如图 2-28 所示。

图 2-28

Step02 调整曲线。执行【图像】→【调整】→【曲线】命令，选择红通道，调整曲线形状，如图 2-29 所示。选择蓝通道，调整曲线形状，单击【确定】按钮，如图 2-30 所示。最终效果如图 2-31 所示。

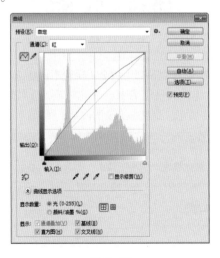

图 2-29

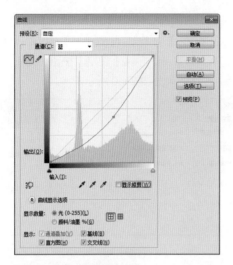

图 2-30

图 2-33

Step04 混合图层。新建图层，填充黄色 #fff100，更改图层混合模式为叠加，【不透明度】为 40%，如图 2-34 所示。最终效果如图 2-35 所示。

图 2-31

Step03 调整亮度和对比度。执行【图像】→【调整】→【亮度 / 对比度】命令，设置参数后，单击【确定】按钮，如图 2-32 所示。最终效果如图 2-33 所示。

图 2-34

图 2-32

图 2-35

015 实战：调出浪漫紫色调宝贝照片

※ 案例说明

　　紫色调是非常浪漫的色调，在 Photoshop 中通过相应操作打造紫色调，其前后对比效果如图 2-36 所示。

图 2-36

※ 思路解析

　　紫色调常用于女性产品中。本实例首先调整色调，其次复制并模糊图层，最后混合图层，制作流程及思路如图 2-37 所示。

图 2-37

※ 步骤详解

Step01 打开宝贝素材。按【Ctrl+O】组合键，打开 "网盘 \ 素材文件 \ 第 2 章 \ 女裙模特 .jpg" 文件，如图 2-38 所示。

图 2-38

Step02 调整色调。执行【图像】→【调整】→【颜色查找】命令，设置【3DLUT 文件】为 Crisp_Winter.look，单击【确定】按钮，如图 2-39 所示。最终效果如图 2-40 所示。

图 2-39

图 2-40

Step03 复制并模糊图层。按【Ctrl+J】组合键复制图层，如图 2-41 所示。执行【滤镜】→【模糊】→【高斯模糊】命令，设置【半径】为 10 像素，单击【确定】按钮，如图 2-42 所示。

图 2-41

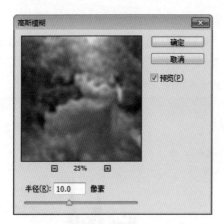

图 2-42

Step04 混合图层。更改图层混合模式为柔光，如图 2-43 所示。最终效果如图 2-44 所示。

图 2-43

图 2-44

问：调整宝贝色彩后，色差会变大吗？

答：调整宝贝色彩时，原则是尽量还原宝贝真实色彩。对宝贝进行艺术色彩调整主要用在广告类效果中，富有艺术感的宝贝照片更能引起消费者的购买兴趣，但不宜在实物展示类区域出现。

016 实战：校正偏色的宝贝照片

※ 案例说明

宝贝偏色时，可以在 Photoshop 中进行调整，恢复其正常色彩，其前后对比效果如图 2-45 所示。

图 2-45

※ 思路解析

偏色是指宝贝整体偏向另一种色彩。本实例首先调整红通道，接下来调整绿通道，制作流程及思路如图 2-46 所示。

图 2-46

※ 步骤详解

Step01 打开宝贝素材。按【Ctrl+O】组合键，打开"网盘＼素材文件＼第 2 章＼童鞋 .jpg"文件，如图 2-47 所示。

图 2-47

Step02 调整红通道。按【Ctrl+L】组合键，执行【色阶】命令，选择红通道，调整【输入色阶】参数值（0，0.35，255），单击【确定】按钮，如图 2-48 所示。

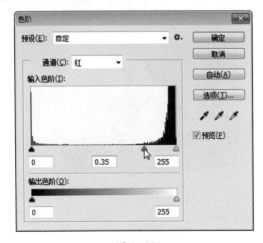

图 2-48

Step03 调整绿通道。选择绿通道，调整【输入色阶】参数值（0，1.20，255），单击【确定】按钮，如图 2-49 所示。最终效果如图 2-50 所示。

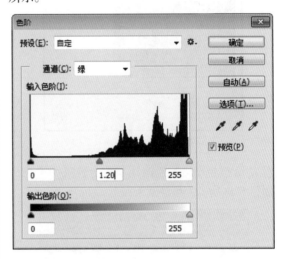

图 2-49

图 2-50

017 实战：更改宝贝照片颜色

※ 案例说明

宝贝照片颜色可以随意进行修改，在 Photoshop 中调整宝贝的色彩，其前后对比效果如图 2-51 所示。

图 2-51

※ 思路解析

　　拍摄多色彩的宝贝时，可以只拍摄一种色彩，其他色彩在 Photoshop 中进行修改。本实例首先选中青色裙摆，其次更改颜色，最后调整绿色成分得到新色彩，制作流程及思路如图 2-52 所示。

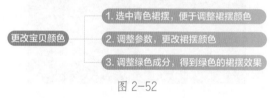

图 2-52

※ 步骤详解

Step01　**打开宝贝素材。**按【Ctrl+O】组合键，打开"网盘\素材文件\第 2 章\模特背影.jpg"文件，如图 2-53 所示。

图 2-53

Step02　选中青色裙摆。执行【图像】→【调整】→【替换颜色】命令，在青色裙子位置单击，在【颜色替换】对话框中，设置【颜色容差】为 123，如图 2-54 所示。

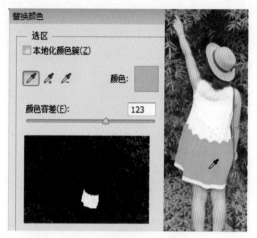

图 2-54

Step03　设置替换颜色。在【替换】栏中，设置【色相】为 -58，如图 2-55 所示。替换颜色效果如图 2-56 所示。

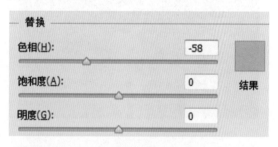

图 2-55

图 2-56

Step04 调整绿色。执行【图像】→【调整】→【可选颜色】命令。选择绿色，设置参数值（+39%，−100%，+52%，0%），单击【确定】按钮，如图 2-57 所示。最终效果如图 2-58 所示。

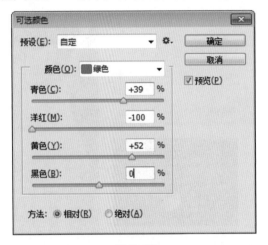

图 2-57

图 2-58

可选颜色可以单独调整一种色相，而不影响其他颜色成分。

美工经验

分析图片偏色的方法

生活中有一些色彩是有固定值的，如黑、白、灰。通过吸取图像中的这类颜色进行分析，即可了解偏色情况。

【颜色取样器工具】和【信息】面板是密不可分的。吸取颜色后，可以精确了解颜色值，具体操作步骤如下。

第 1 步：按【Ctrl+O】组合键，打开"网盘\素材文件\第 2 章\偏蓝 .jpg"文件，如图 2-59 所示。

图 2-59

第 2 步：选择【颜色取样器工具】，在照片中黑色的位置单击，如图 2-60 所示。在【信息】面板中，可以看到参考点的颜色值为（R8，G44，B122），R 为红色，G 为绿色，B 为蓝色，照片色彩偏蓝，如图 2-61 所示。

图 2-60

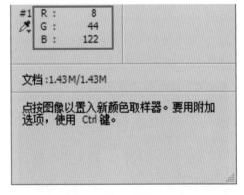

图 2-61

第 3 步：一个参考有时不太准确，可以创建多个参考点，综合进行分析，选择【颜色取样器工具】，在照片中白色的位置单击，如图 2-62 所示。在【信息】面板中，可以看到参考点的颜色值为（R228，G240，B254），照片色彩还是偏蓝，如图 2-63 所示。

图 2-62

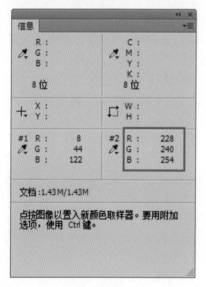

图 2-63

2.3　同步实训

通过前面内容的学习，相信读者已熟悉了在 Photoshop 中进行宝贝图片光影与色彩优化的技能。为了巩固所学内容，下面安排两个同步训练，读者可以结合思路解析自己动手强化练习。

018 实训：打造艺术色感宝贝照片

艺术色感宝贝照片可以提升宝贝的档次，在 Photoshop 中打造艺术色感宝贝照片，其前后对比

效果如图 2-64 所示。

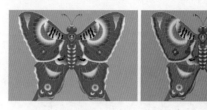

图 2-64

※ 思路解析

艺术色类别丰富，大家可以根据宝贝的特征进行调整。本实例首先选择通道，接下来调整色相、饱和度和明度，制作流程及思路如图 2-65 所示。

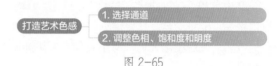

图 2-65

※ 关键步骤

关键步骤一：打开宝贝素材。按【Ctrl+O】组合键，打开"网盘\素材文件\第 2 章\风筝 .jpg"文件。

关键步骤二：选择混合红通道。在【通道】面板中，选择红通道。执行【图像】→【应用图像】命令，设置通道为红，混合为颜色加深，单击【确定】按钮。

关键步骤三：选择混合绿通道。在【通道】面板中，选择绿通道。执行【图像】→【应用图像】命令，设置通道为绿，混合为颜色加正片叠底，不透明度为 25%，选中【反相】复选框，单击【确定】按钮。

关键步骤四：选择混合蓝通道。在【通道】面板中，选择蓝通道。执行【图像】→【应用图像】命令，设置通道为蓝，混合为颜色加正片叠底，不透明度为 55%，选中【反相】复选框，单击【确定】按钮。

关键步骤五：调整色相、饱和度和明度。按【Ctrl+U】组合键，执行【色相/饱和度】命令，设置【色相】为 10，【饱和度】为 45，【明度】为 3，单击【确定】按钮。

019 实训：打造聚焦宝贝照片

聚焦效果可以增加宝贝的视觉凝聚力，在 Photoshop 中打造聚焦宝贝照片，其前后对比效果如图 2-66 所示。

图 2-66

※ 思路解析

聚焦可以将人的视线聚集到宝贝上。本实例首先去除宝贝颜色，其次恢复部分色彩并增加宝贝色感，最后锐化宝贝，制作流程及思路如图 2-67 所示。

打造聚焦照片

1. 去色，使宝贝变成灰度图像
2. 恢复部分色彩，增加宝贝色感
3. 锐化宝贝，使宝贝更加醒目

图 2-67

※ 关键步骤

关键步骤一：打开宝贝素材。按【Ctrl+O】组合键，打开"网盘 \ 素材文件 \ 第 2 章 \ 水果 .jpg"文件。

关键步骤二：去色。按【Ctrl+Shift+U】组合键，执行去色命令，去除照片色彩。

关键步骤三：恢复部分色彩。选择【历史记录画笔】，在水果位置涂抹，恢复部分色彩。

关键步骤四：调整饱和度。按【Ctrl+U】组合键，执行【色相 / 饱和度】命令，设置【饱和度】为 10，单击【确定】按钮。

关键步骤五：锐化细节。选择【锐化工具】，在水果位置涂抹，锐化细节。

第 2 篇
淘宝、天猫设计篇

淘宝、天猫是目前个人、企业开店选择最多的平台。其实，各大网店平台（京东、当当等）网店装修几乎大同小异。本篇主要以"淘宝、天猫"网店平台为例，介绍如何使用 Photoshop 设计制作店铺中的各类元素，包括店标、店招、导航条、活动海报、详情页设计等内容。本篇主要包含以下章节内容。

第 3 章
店 标 设 计

本章导读

　　店标是淘宝店的 LOGO，它不仅代表店铺形象，还要能传达出店铺的核心信息、定位与风格，美观、新颖、有趣的店标也能为淘宝、天猫店铺起到一定的宣传效果。本章将学习使用 Photoshop 制作店标的方法。希望读者掌握基本的操作方法，并学会创意设计，熟练应用。

知识要点

☆ 可爱淘宝店标设计　　　　　　　☆ 雅致天猫店标设计
☆ 动感天猫店标设计　　　　　　　☆ 简洁天猫店标设计
☆ 抽象淘宝店标设计　　　　　　　☆ 清新淘宝店标设计

案例展示

3.1　店标设计实例

店标 LOGO 代表着特定的店铺形象，一个独一无二、有创意的 LOGO 可以让店铺脱颖而出。本节将按照不同的风格需求，介绍一些店标设计实例。

020 实战：可爱淘宝店标设计

※ 案例说明

可爱淘宝店标的特征是活泼、可爱，还充满童趣，可以使用 Photoshop 中的相关工具进行设计制作。完成后的效果如图 3-1 所示。

图 3-1

※ 思路解析

可爱店标常用于儿童玩具、卡通产品等店铺。本实例首先制作彩虹背景，其次制作云朵，最后添加文字，制作流程及思路如图 3-2 所示。

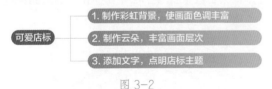

图 3-2

※ 步骤详解

Step01 **新建文件。**按【Ctrl+N】组合键，执行【新建】命令，设置宽度、高度和分辨率，单击【确定】按钮，如图 3-3 所示。

图 3-3

Step02 **填充背景。**设置前景色为粉色 #fe9fce，按【Alt+Delete】组合键，填充前景色，如图 3-4 所示。

图 3-4

Step03 **创建圆形。**使用【椭圆选框工具】创建选区，填充红色 #ff2f3d，如图 3-5 所示。

图 3-5

Step04 **变换选区。**执行【选择】→【变换选区】

命令，在选项栏中设置缩放比例为95%，如图3-6所示。

图 3-6

专家点拨

　　按住【Alt+Shift】组合键，也可以同比例缩放图像或选区。

Step05 **填充选区**。设置前景色为橙色 #ff9b3d，按【Alt+Delete】组合键，填充前景色，如图3-7所示。

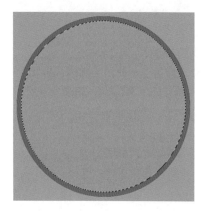

图 3-7

Step06 **继续缩放填充选区**。使用相同的方法缩放并填充其他选区，如图3-8所示。

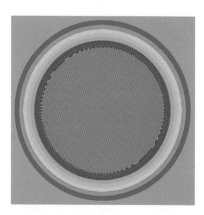

图 3-8

Step07 **创建选区并删除图像**。使用【多边形套索工具】 选中下方图像，按【Delete】键删除图像，如图3-9所示。

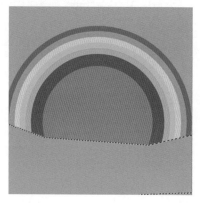

图 3-9

Step08 **绘制云朵**。新建图层，选择【钢笔工具】 ，在选项栏中，选择【路径】选项 路径 ，绘制云朵，按【Ctrl+Enter】组合键，载入路径选区，填充浅蓝色 #a9e5ff，如图3-10所示。

图 3-10

Step09 **复制云朵。** 复制并缩小云朵,填充白色,如图 3-11 所示。

图 3-11

Step10 **创建其他云朵。** 使用相似的方法,创建其他云朵,调整位置和大小,如图 3-12 所示。

图 3-12

Step11 **添加文字。** 使用【横排文字工具】 $\boxed{T}$ 输入文字,设置字体为汉仪黑咪体简,字体大小为 52 点,颜色为黄色 #ffff00,如图 3-13 所示。

图 3-13

Step12 **添加投影图层样式。** 双击图层,在打开的【图层样式】对话框中,选中【投影】复选框,设置投影颜色为深红色 #750303,【不透明度】为 75%,【角度】为 120 度,【距离】为 7 像素,

【扩展】为 0%,【大小】为 5 像素,如图 3-14 所示。最终效果如图 3-15 所示。

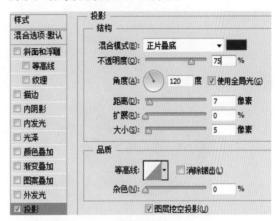

图 3-14

图 3-15

专家答疑

问:投影为什么使用深红色,而不用黑色?

答:因为背景是红色,深红色的投影与环境更加协调。

021 实战:雅致天猫店标设计

※ 案例说明

雅致店标的特征是优雅精美,可以使用 Photoshop 中的相关工具进行设计制作。完成后的效果如图 3-16 所示。

图 3-16

※ 思路解析

　　雅致店标常用于女性、服饰等店铺中。本实例首先绘制店标轮廓，其次添加图案纹理，最后添加文字，制作流程及思路如图 3-17 所示。

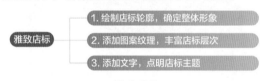

图 3-17

※ 步骤详解

Step01 新建文件。按【Ctrl+N】组合键，执行【新建】命令，设置宽度、高度和分辨率，单击【确定】按钮，如图 3-18 所示。

图 3-18

Step02 创建圆形。使用【椭圆选框工具】 创建选区，如图 3-19 所示。

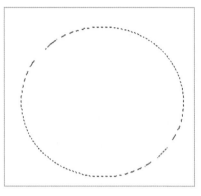

图 3-19

Step03 创建渐变。选择【渐变工具】 ，在选项栏中，单击渐变色标，在打开的【渐变编辑器】对话框中，设置渐变色标为黄色 #f5dc00、深黄色 #97752f、深黄色 #97752f，如图 3-20 所示。

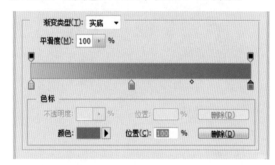

图 3-20

Step04 填充渐变。从上往下拖动鼠标填充渐变，如图 3-21 所示。

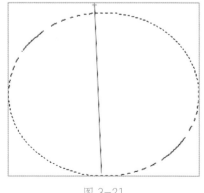

图 3-21

Step05 绘制白圆。使用【椭圆选框工具】◯ 创建圆形选区，填充白色，效果如图 3-22 所示。

图 3-22

Step06 绘制图形。使用【钢笔工具】✎ 绘制图形，填充黄色 #f5dc00，效果如图 3-23 所示。

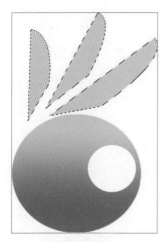

图 3-23

Step07 添加素材。打开"网盘\素材文件\第 3 章\龙 .jpg"文件，更改图层【不透明度】为 13%，如图 3-24 所示。最终效果如图 3-25 所示。

图 3-24

图 3-25

专家答疑

问：添加图案有什么作用？

答：当 LOGO 色彩较为单一时，添加弱化的底纹，可以增加画面的层次感。

Step08 添加文字。使用【横排文字工具】Ｔ 输入文字，设置字体为文鼎特粗宋简，字体大小为 50 点，颜色为深黄色 # ac8b28，如图 3-26 所示。

图 3-26

022 实战：动感天猫店标设计

※ 案例说明

动感店标特征是动感，具有一种立体效果，可以使用 Photoshop 中的相关工具进行设计制作。完成后的效果如图 3-27 所示。

图 3-27

※ 思路解析

动感店标常用于动感、体育用品等店铺中。本实例首先制作动感图形，其次复制多个动感图形，最后添加文字，制作流程及思路如图 3-28 所示。

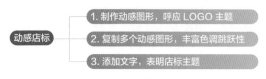

图 3-28

※ 步骤详解

Step01 新建文件。按【Ctrl+N】组合键，执行【新建】命令，设置宽度、高度和分辨率，单击【确定】按钮，如图 3-29 所示。

图 3-29

Step02 创建圆形。使用【椭圆选框工具】创建选区，填充蓝色 #1978ec，如图 3-30 所示。

图 3-30

Step03 制作波浪效果。执行【滤镜】→【扭曲】→【波浪】命令，设置参数，单击【确定】按钮，如图 3-31 所示。最终效果如图 3-32 所示。

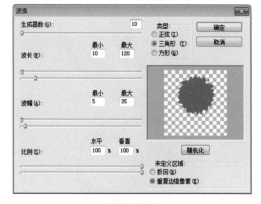

图 3-31

图 3-32

Step04 制作扭曲效果。执行【滤镜】→【扭曲】→【旋转扭曲】命令，设置【角度】为 999 度，单击【确定】按钮，如图 3-33 所示。最终效果如图 3-34 所示。

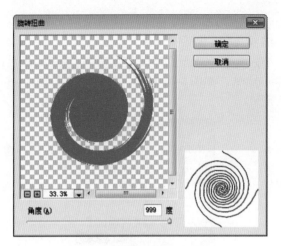

图 3-33

图 3-36

Step07 **旋转图像。** 在选项栏中设置【旋转角度】为 120 度，如图 3-37 所示。

图 3-34

Step05 **复制图层。** 按【Ctrl+J】组合键，复制当前图层，如图 3-35 所示。

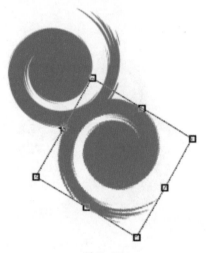

图 3-37

Step08 **再次旋转图像。** 按【Ctrl+Shift+Alt+T】组合键，再次旋转图像，如图 3-38 所示。

图 3-35

Step06 **自由变换。** 按【Ctrl+T】组合键，进入自由变换状态，如图 3-36 所示。

图 3-38

Step09 **填充图层颜色。** 单击【锁定透明像素】按钮 ⊠，锁定透明像素，如图 3-39 所示。为图层填充红色 #e60012，如图 3-40 所示。

图 3-39

图 3-40

Step10 **复制图层。** 复制图层，调整大小和位置，填充黄色 #fff100，如图 3-41 所示。

图 3-41

Step11 **添加文字。** 使用【横排文字工具】 T,输入文字，设置字体为汉仪超粗黑简，字体大小为 50 点，【垂直缩放】为 75%，颜色为黑色 #000000，如图 3-42 所示。最终效果如图 3-43 所示。

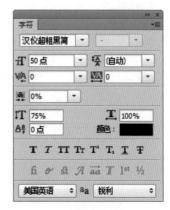

图 3-42

图 3-43

问：文字垂直缩放有什么作用？

答：因为 LOGO 图标的作力点是左右旋转的，横排的文字视觉看上去也是往两侧拉伸，动感方向是统一的。

023 实战：简洁天猫店标设计

※ 案例说明

　　简洁店标的特征是简单干净，可以使用 Photoshop 中的相关工具进行设计制作。完成后的效果如图 3-44 所示。

图 3-44

※ 思路解析

　　简洁店标简洁而不简单，常用于电子、理性、权威类产品店铺中。本实例首先制作背景符号，其次添加 LOGO 文字，最后添加版权符号，制作流程及思路如图 3-45 所示。

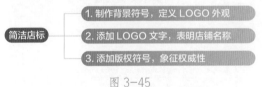

图 3-45

※ 步骤详解

Step01 新建文件。按【Ctrl+N】组合键，执行【新建】命令，设置宽度、高度和分辨率，单击【确定】按钮，如图 3-46 所示。

图 3-46

Step02 创建矩形选区。使用【矩形选框工具】 创建选区，填充青色 #02d1c1，如图 3-47 所示。

图 3-47

Step03 创建椭圆选区。使用【椭圆选框工具】 创建椭圆形选区，如图 3-48 所示。

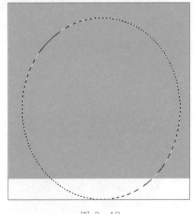

图 3-48

Step04 **变换选区**。执行【选择】→【变换选区】命令，旋转选区，并调整选区位置，如图 3-49 所示。

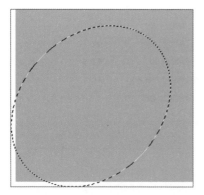

图 3-49

Step05 **填充选区**。为选区填充白色，如图 3-50 所示。

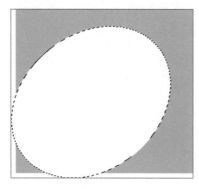

图 3-50

Step06 **填充选区**。使用相同的方法创建其他椭圆形选区，为选区填充黄色 #fff100，如图 3-51 所示。

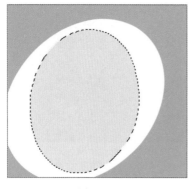

图 3-51

Step07 **删除多余图像**。使用【套索工具】选中左下角的图像，按【Delete】键删除图像，如图 3-52 所示。

图 3-52

Step08 **添加描边**。双击图层，在【图层样式】对话框中，选中【描边】复选框，设置【大小】为 45 像素，描边颜色为浅绿色 #e6fcd5，如图 3-53 所示。描边效果如图 3-54 所示。

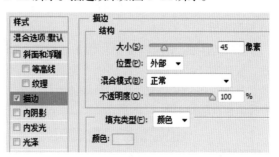

图 3-53

图 3-54

Step09 分离图层样式。执行【图层】→【图层样式】→【创建图层】命令，将描边创建为图层，如图 3-55 所示。

图 3-55

问：将样式创建为图层的作用是什么？

答：将样式创建为图层后，除了避免操作原图层，对效果造成影响外，还可以单独编辑样式，使编辑操作更加灵活。

Step10 添加文字。使用【横排文字工具】**T**.输入文字，设置字体为 Swis721 LtCn BT，字体大小为 130 点，颜色为青色 #02d1c1，如图 3-56 所示。

图 3-56

Step11 添加字母。使用【横排文字工具】**T**.输入字母 R，设置字体为 Arial，字体大小为 18 点，颜色为青色 #02d1c1，如图 3-57 所示。

图 3-57

Step12 创建圆形选区。新建图层，使用【椭圆选框工具】◯.创建圆形选区，填充青色 #02d1c1，如图 3-58 所示。

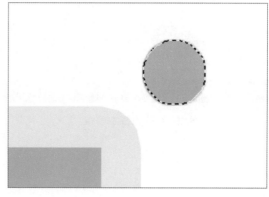

图 3-58

Step13 删除多余图像。缩小选区，按【Delete】键删除图像，如图 3-59 所示。细微调整后，得到最终效果，如图 3-60 所示。

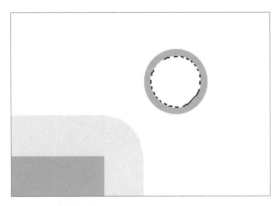

图 3-59

图 3-60

美工经验

店标设计的基本要求

店标就是店铺的标志。店标能够反映店铺的风格、店主的品位、产品的特性，也可起到宣传的作用。好的店标能给顾客留下深刻的印象，有助于卖家拓展客户群。

下面介绍几个店标设计的基本要求。

1. 简洁醒目

在设计上，店标的图案与名称应简洁醒目，易于理解和记忆。同时，还要风格鲜明，具有独特的外观和出奇制胜的视觉效果，能对消费者产生感染力，给顾客带来赏心悦目的感觉。

在设计店标时要贯彻简洁、鲜明的原则，巧妙地使点、线、面、体和色彩结合起来，以达到预期的效果，如图 3-61 所示。

图 3-61

2. 个性鲜明

店标可用来表达店铺的独特个性，使消费者通过店标可以识别出该店铺独特的品质、风格和经营理念。因此，店标设计必须别出心裁，使标志富有特色、个性鲜明，创造一种引人入胜的视觉效果，如图 3-62 所示。

图 3-62

3. 保持统一

店标的设计应与店铺经营的商品相和谐，并与店铺装修的风格和主题色保持统一。不同的网店，其主题不同，所用的色调也有所不同。例如，蓝色显得简洁，绿色显得有生气，红色显得热情等，如图 3-63 所示。

图 3-63

3.2 同步实训

通过前面内容的学习，相信读者已熟悉了在 Photoshop 中进行店标设计的专业技能。为了巩固所学内容，下面安排两个同步训练，读者可以结合思路解析自己动手强化练习。

024 实训：抽象淘宝店标设计

抽象店标的特征是形象化，可以使用 Photoshop 中的相关工具进行设计制作。完成后的效果如图 3-64 所示。

图 3-64

※ 思路解析

抽象店标常用于实物产品类店铺中。本实例首先绘制圆形，其次添加图层样式，绘制水波路径，最后添加文字，制作流程及思路如图 3-65 所示。

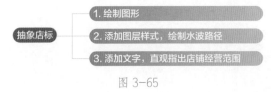

图 3-65

※ 关键步骤

关键步骤一：新建文件。按【Ctrl+N】组合键，执行【新建】命令，设置宽度、高度和分辨率，单击【确定】按钮。

关键步骤二：绘制圆形。新建图层，使用【椭圆选框工具】创建圆形选区，填充蓝色 #0093dd，使用【钢笔工具】选择下方部分图像，按【Delete】键删除图像。

关键步骤三：添加斜面和浮雕图层样式。双击图层，在打开的【图层样式】对话框中，选中【斜面和浮雕】复选框，设置【样式】为内斜面，【方法】为雕刻清晰，【深度】为 1000%，【方向】为上，【大小】为 67 像素，【软化】为 0 像素，【角度】为 90 度，【亮度】为 39 度，【高

光模式】为滤色，【不透明度】为 100%，【阴影模式】为滤色，【不透明度】为 28%，颜色为浅蓝色 #eaf3f5。单击【光泽等高线】后面的图标，在【等高线编辑器】对话框中，调整曲线形状。

关键步骤四：添加光泽图层样式。在【图层样式】对话框中，选中【光泽】复选框，设置【混合模式】为叠加，【不透明度】为 100%，【角度】为 0 度，【距离】为 25 像素，【大小】为 100 像素，调整等高线形状为锥形。

关键步骤五：添加颜色叠加图层样式。在【图层样式】对话框中，选中【颜色叠加】复选框，设置【混合模式】为柔光，【不透明度】为 52%，颜色为深红色 #dc4c4c。

关键步骤六：添加投影图层样式。在【图层样式】对话框中，选中【投影】复选框，设置【不透明度】为 75%，投影颜色为深蓝色 #0e64b4，【角度】为 90 度，【距离】为 12 像素，【扩展】为 0%，【大小】为 21 像素，选中【使用全局光】复选框。

关键步骤七：绘制水波路径。选择【钢笔工具】，绘制水波路径，新建图层后填充蓝色 #0093dd。

关键步骤八：添加颜色叠加图层样式。在【图层样式】对话框中，选中【渐变叠加】复选框，设置【样式】为线性，【角度】为 90 度，【缩放】为 150%，单击渐变色条，在【渐变编辑器】对话框中，设置渐变色标为青色 #0ff5f7 到青色 #0ff5f7，选中右上方的图标，设置【不透明度】为 0%。

关键步骤九：添加投影图层样式。选中【投影】复选框，设置【不透明度】为 75%，【角度】为 90 度，【距离】为 12 像素，【扩展】为 0%，【大小】为 21 像素。

关键步骤十：添加文字。使用【横排文字工具】输入文字，设置字体为汉仪水滴体简，字体大小为分别为 200 点和 400 点，颜色为深青色 #04e8ea。

025 实训：清新淘宝店标设计

清新店标的特征是清新自然，可以使用 Photoshop 中的相关工具进行设计制作。完成后的效果如图 3–66 所示。

图 3–66

※ 思路解析

清新店标常用于服装、饰品类店铺中。本实例首先绘制绿叶轮廓，其次制作绿叶三色填充效果，最后添加文字，制作流程及思路如图 3–67 所示。

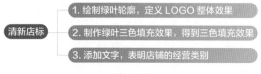

图 3–67

※ 关键步骤

关键步骤一：新建文件。按【Ctrl+N】组合键，执行【新建】命令，设置宽度、高度和分辨率，单击【确定】按钮。

关键步骤二：绘制叶子。选择【自定形状工具】，在选择栏的自定形状下拉列表框中，选择叶子 3，拖动鼠标绘制叶子形状路径，使用路径调整工具，调整路径形状。

关键步骤三：新建文件。按【Ctrl+Enter】组合键，载入路径选区后，填充浅绿色 #ebf9e0。

关键步骤四：创建参考线。按【Ctrl+R】组合键，显示标尺，从标尺往下拖动鼠标创建参考线，将叶子水平三等分。

关键步骤五：创建矩形选区。新建图层，使用【矩形选框工具】创建选区，填充黄绿色 #8dc63f。使用相似的方法创建其他矩形选区，分别填充绿色 #39b54a 和青色 #10b79b。

关键步骤六：创建剪贴蒙版。执行【图层】→【创建剪贴蒙版】命令，创建剪贴蒙版。

关键步骤七：添加文字。使用【横排文字工具】输入文字，设置字体为汉仪字典宋简，字体大小为 250 点，颜色为白色 #ffffff，继续使用【横排文字工具】输入文字，设置字体为黑体，字体大小为 150 点，颜色为深绿色 #026f0f。

第4章
店招设计

本章导读

　　店招相当于一个店铺的招牌，用以传递店铺信息。店招一般都放在店铺的醒目位置，可见它的重要性。本章将学习使用 Photoshop 制作店招的方法。希望读者掌握基本的操作方法，并学会熟练应用。

知识要点

☆ 卡通风格店招设计　　　　　　☆ 简约风格店招设计
☆ 严肃风格店招设计　　　　　　☆ 古典风格店招设计
☆ 展示风格店招设计　　　　　　☆ 清新风格店招设计
☆ 动感风格店招设计

案例展示

4.1 店招设计实例

店招位于店铺页面的上方，是首页第一个需要设计的区域，在店铺装修时，要注意店招、产品和店铺风格相统一。本节将介绍店招的设计方法。

026 实战：卡通风格店招设计

※ 案例说明

卡通风格店招可以使店铺看起来更可爱、更加萌，可以使用 Photoshop 中的相关工具进行设计制作。完成后的效果如图 4-1 所示。

图 4-1

※ 思路解析

卡通店招可以增加店铺的趣味性，使店铺更有亲和力。本实例首先制作左侧 LOGO 位，其次制作店铺名称，最后添加说明文字和装饰图案，制作流程及思路如图 4-2 所示。

图 4-2

※ 步骤详解

Step01 **新建文件。**按【Ctrl+N】组合键，执行【新建】命令，设置【宽度】为 950 像素，【高度】为 120 像素，【分辨率】为 72 像素，单击【确定】按钮，如图 4-3 所示。

图 4-3

Step02 **填充背景。**设置前景色为黄绿色 #c9fe0，按【Alt+Delete】组合键为背景填充黄绿色，如图 4-4 所示。

图 4-4

Step03 **添加小鸟素材。**打开"网盘 \ 素材文件 \ 第 4 章 \ 小鸟 .tif"文件，将其拖动到当前文件中，如图 4-5 所示。

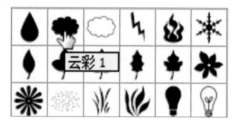

图 4-5

Step04 **选择云彩形状。**选择【自定义形状工具】，选择云彩 1 形状，如图 4-6 所示。

图 4-6

Step05 **绘制云彩形状。**拖动鼠标绘制云彩形状路径，如图 4-7 所示。

图 4-7

Step06 **填充颜色。**新建图层，按【Ctrl+Enter】组合键，载入路径选区后，填充白色 #ffffff，如图 4-8 所示。

图 4-8

Step07 **选择心形形状。** 选择【自定义形状工具】🖌，选择心形形状，如图 4-9 所示。

图 4-9

Step08 **绘制心形形状。** 拖动鼠标绘制心形形状路径，如图 4-10 所示。

图 4-10

Step09 **调整路径形状。** 使用路径调整工具调整路径形状，如图 4-11 所示。

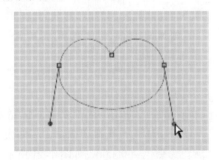

图 4-11

Step10 **填充颜色。** 新建图层，按【Ctrl+Enter】组合键，载入路径选区后，填充红色 #e60012，如图 4-12 所示。

图 4-12

Step11 **绘制线条。** 新建图层，选择【直线工具】✏，在选项栏中，选择【像素】选项，【粗细】为 1 像素，拖动鼠标绘制线条，如图 4-13 所示。

图 4-13

Step12 **绘制绿色云朵。** 新建图层，使用相似的方法绘制绿色云朵底图，颜色为浅绿色 #cae39a，如图 4-14 所示。

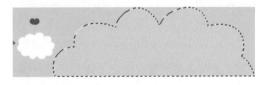

图 4-14

Step13 **添加文字。** 使用【横排文字工具】🅣 输入文字，设置字体为锐字逼格青春粗黑体简，字体大小为 42 点，颜色为黑色 #000000，如图 4-15所示。

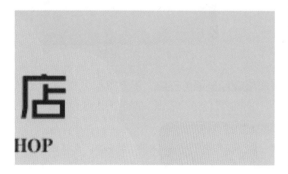

图 4-15

Step14 添加字母。使用【横排文字工具】 T 输入字母，设置字体为创意简老宋，字体大小为 15 点，如图 4-16 所示。

图 4-16

Step15 绘制圆角矩形。新建图层，选择【圆角矩形工具】 ◎，在选项栏中，选择【像素】选项，【半径】为 10 像素，拖动鼠标绘制圆角矩形，如图 4-17 所示。

图 4-17

Step16 删除多余图像。使用【矩形选框工具】 ▭ 选中下方图像，按【Delete】键删除图像，如图 4-18 所示。

图 4-18

Step17 添加投影图层样式。双击图层，在打开的【图层样式】对话框中，选中【投影】复选框，设置【不透明度】为 75%，【角度】为 120 度，【距离】为 2 像素，【扩展】为 0%，【大小】为 2 像素，选中【使用全局光】复选框，如图 4-19 所示。

图 4-19

Step18 制作其他方框。使用相同的方法，制作其他两个方框，填充颜色分别为深绿色 #89c897 和浅红色 #f9ecca，如图 4-20 所示。

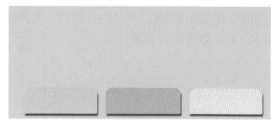

图 4-20

Step19 添加文字。使用【横排文字工具】 T 输入文字，设置字体为方正稚艺简体，字体大小为 17 点，颜色为黑色 #000000，如图 4-21 所示。

图 4-21

Step20 添加小花素材。打开"网盘 \ 素材文件 \ 第 4 章 \ 盆栽 .tif"文件，将其拖动到当前文件中，如图 4-22 所示。

图 4-22

Step21 添加文字。使用【横排文字工具】输入文字，设置字体为方正稚艺简体，字体大小为 15 点，颜色为黑色 #000000，如图 4-23 所示。

图 4-23

问：店招的标准尺寸是多少？

答：全屏店招整体尺寸为 1920 像素 × 120 像素，淘宝店铺宽为 950 像素，天猫店铺宽为 990 像素。店招高度均为 120 像素，如果将导航栏也包括在内，那店招的高应该设置为 150 像素。

027 实战：简约风格店招设计

※ 案例说明

简约店招可以简化信息量，使主要信息更突出，可以使用 Photoshop 中的相关工具进行设计制作。完成后的效果如图 4-24 所示。

图 4-24

※ 思路解析

淘宝店铺众多，常会干扰视觉，在这样的情况下，简约店招可以吸引购买者的眼光。本实例首先制作左侧店铺名称，其次制作收藏位，最后添加 LOGO，制作流程及思路如图 4-25 所示。

图 4-25

※ 步骤详解

Step01 新建文件。按【Ctrl+N】组合键，执行【新建】命令，设置【宽度】为 950 像素，【高度】为 120 像素，【分辨率】为 72 像素 / 英寸，单击【确定】按钮，如图 4-26 所示。

图 4-26

Step02 绘制多边形路径。选择【多边形工具】

，在选项栏中，设置【边】为 3，拖动鼠标绘制路径，如图 4-27 所示。

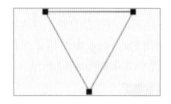

图 4-27

Step03 **调整多边形路径**。调整路径形状，如图 4-28 所示。

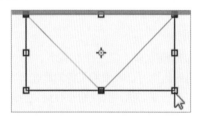

图 4-28

Step04 **填充颜色**。新建图层，按【Ctrl+Enter】组合键，载入路径选区后，填充黑色 #000000，如图 4-29 所示。

图 4-29

Step05 **复制图层**。按【Ctrl+J】组合键，复制图层，如图 4-30 所示。

图 4-30

Step06 **填充颜色**。适当错开复制图层，填充灰色 #7f7c7e，如图 4-31 所示。

图 4-31

Step07 **添加文字**。使用【横排文字工具】输入文字，设置字体为黑体，字体大小为 13 点，颜色为黑色 #000000，如图 4-32 所示。

图 4-32

Step08 **绘制圆形**。使用【椭圆选框工具】创建圆形选区，填充红色 #f40013，如图 4-33 所示。

图 4-33

Step09 **绘制心形**。选择【自定形状工具】，在选择栏的自定形状下拉列表框中，选择红心形状，绘制心形，载入选区后，填充白色 #ffffff，如图 4-34 所示。

图 4-34

Step10 添加文字。使用【横排文字工具】 T，输入文字，设置字体为黑体，字体大小为15点，颜色为黑色 #000000，如图 4-35 所示。

图 4-35

Step11 绘制圆形。使用【椭圆选框工具】，创建圆形选区，填充洋红色 #fb1a66，如图 4-36 所示。

图 4-36

Step12 添加文字。使用【横排文字工具】 T，输入文字，设置字体为黑体，字体大小为17点，颜色为白色 #ffffff，如图 4-37 所示。

图 4-37

Step13 添加文字。使用【横排文字工具】 T，输入文字，设置字体为黑体，字体大小分别为13点和15点，颜色为黑色 #000000，如图 4-38 所示。

图 4-38

Step14 添加LOGO素材。打开"网盘\素材文件\第 4 章\LOGO.tif""文件，将其拖动到当前文件中，如图 4-39 所示。

图 4-39

Step15 复制LOGO。复制 LOGO，调整位置和大小，如图 4-40 所示。

图 4-40

Step16 锁定图层透明度。在【图层】面板中，单击【锁定透明像素】按钮，锁定透明像素，如图 4-41 所示。

图 4-41

Step17 填充LOGO。设置前景色为白色 #ffffff，按【Alt+Delete】组合键，填充 LOGO，如图 4-42 所示。

图 4-42

028 实战：严肃风格店招设计

※ 案例说明

　　严肃风格店招象征严谨权威，可以使用 Photoshop 中的相关工具进行设计制作。完成后的效果如图 4-43 所示。

图 4-43

※ 思路解析

　　严肃风格店招版面传统，能够充分得到购买者的依赖。本实例首先制作收藏栏，其次制作店铺名称和标语，最后添加 LOGO 图标，制作流程及思路如图 4-44 所示。

图 4-44

※ 步骤详解

Step01 新建文件。按【Ctrl+N】组合键，执行【新建】命令，设置【宽度】为 950 像素，【高度】为 120 像素，【分辨率】为 72 像素 / 英寸，单击【确定】按钮，如图 4-45 所示。

图 4-45

Step02 绘制矩形。选择【矩形工具】■，在选

项栏中，选择【形状】选项，设置【填充】为渐变，【描边】为无，渐变色标为深蓝色 #002538、蓝色 #0091cc、深蓝色 #002538，如图 4-46 所示。

图 4-46

Step03 添加文字。使用【横排文字工具】T，输入文字，设置字体为黑体，字体大小为 36 点，颜色为白色 #ffffff，如图 4-47 所示。

图 4-47

Step04 绘制线条。新建图层，选择【直线工具】，在选项栏中，选择【像素】选项，【描边】

为无，【粗细】为 1 像素，拖动鼠标绘制线条，如图 4-48 所示。

图 4-48

Step05 **创建矩形选区。** 使用【矩形选框工具】□创建选区，填充黑色 #000000，如图 4-49 所示。

图 4-49

Step06 **添加文字。** 使用【横排文字工具】T输入文字，设置字体为黑体，字体大小为 12 点，颜色为白色 #ffffff，如图 5-50 所示。

图 4-50

Step07 **继续添加文字。** 使用【横排文字工具】T输入文字，设置字体为黑体，字体大小为 60 点，颜色为白色 #ffffff，效果如图 4-51 所示。

图 4-51

Step08 **继续添加文字。** 使用【横排文字工具】T输入文字，设置字体为黑体，字体大小为 24 点，颜色为白色 #ffffff，效果如图 4-52 所示。

图 4-52

Step09 **创建矩形选区。** 使用【矩形选框工具】□创建选区，填充绿色 #96e20e，如图 4-53 所示。

图 4-53

Step10 **添加文字。** 使用【横排文字工具】T输入文字，设置字体为黑体，字体大小为 18 点，颜色为黑色 #000000，如图 4-54 所示。

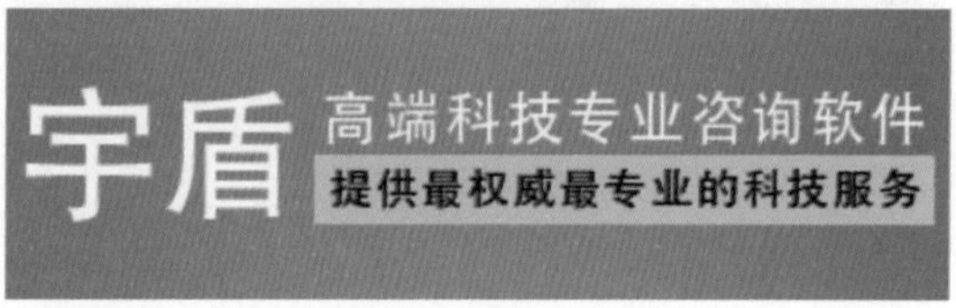

图 4-54

Step11 **添加科技图标素材。** 打开"网盘\素材文件\第 4 章\科技图标 .tif"文件，将其拖动到当前文件中，如图 4-55 所示。

图 4-55

专家答疑

问：文字排列不整齐怎么办？

答：选中文字后，按【Alt+←】组合键，可以细微缩小字距；按【Alt+→】组合键，可以细微增大字距，文字排列不整齐时，可以使用此方式细调字距。

029 实战：古典风格店招设计

※ 案例说明

古典风格店招充满韵味，使店铺不流于俗套，可以使用 Photoshop 中的相关工具进行设计制作。完成后的效果如图 4-56 所示。

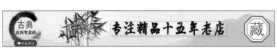

图 4-56

※ 思路解析

古典风格店招有历史的厚重感，从时间的角度提升店铺档次。本实例首先制作店铺名称，其次制作店铺宣传，最后制作收藏图标，制作流程及思路如图 4-57 所示。

图 4-57

※ 步骤详解

Step01 **新建文件。**按【Ctrl+N】组合键，执行【新建】命令，设置【宽度】为 950 像素，【高度】为 120 像素，【分辨率】为 72 像素 / 英寸，单击【确定】按钮，如图 4-58 所示。

图 4-58

Step02 **添加风景素材。**打开"网盘 \ 素材文件 \ 第 4 章 \ 山峰 .jpg"文件，将其拖动到当前文件中，如图 4-59 所示。

图 4-59

Step03 **创建矩形选区。**新建图层，使用【矩形选框工具】创建选区，填充白色 #ffffff，如图 4-60 所示。

图 4-60

Step04 **调整图层不透明度。**更改山峰图层【不透明度】为 30%，如图 4-61 所示。最终效果如图 4-62 所示。

图 4-61

图 4-62

Step05 **添加墨渍素材。**打开"网盘 \ 素材文件 \ 第 4 章 \ 墨渍 .jpg"文件，将其拖动到当前文件中，如图 4-63 所示。

图 4-63

Step06 添加文字。使用【横排文字工具】  输入文字，设置字体为黑体，字体大小分别为 18 点和 15 点，颜色为深灰色 #5e606c 和黑色 #000000，如图 4-64 所示。

图 4-64

专家点拨

字体大时，文字颜色设置略浅，字体小时，文字颜色设置略深。两者放在一起会更加协调。

Step07 绘制圆角矩形。新建图层。设置前景色为深红色 #e00545，选择工具箱中的【圆角矩形工具】 ，在属性栏中，选择【像素】复选框，设置【半径】为 10 像素，拖动鼠标绘制图像，如图 4-65 所示。

图 4-65

Step08 绘制心形。选择【自定形状工具】，在选择栏的自定形状下拉列表框中，选择红心形状，绘制心形，载入选区后，填充白色 #ffffff，如图 4-66 所示。

图 4-66

Step09 添加文字。使用【横排文字工具】 输入文字，设置字体为黑体，字体大小为 12 点，颜色为白色 #ffffff，如图 4-67 所示。

图 4-67

Step10 添加竹子素材。打开"网盘\素材文件\第 4 章\竹子 .tif"文件，将其拖动到当前文件中，如图 4-68 所示。

图 4-68

Step11 去色。按【Ctrl+Shift+U】组合键，去除竹子颜色，如图 4-69 所示。

图 4-69

Step12 创建选区并调整图层不透明度。新 建 图 层，使用【矩形选框工具】 创建选区，填充白色 **#ffffff**，更改图层【不透明度】为 25%，如图 4-70 所示。最终效果如图 4-71 所示。

图 4-70

图 4-71

Step13 添加描边图层样式。双击图层，在【图层样式】对话框中，选中【描边】复选框，设置【大小】为 1 像素，描边【颜色】为黑色 #000000。如图 4-72 所示。

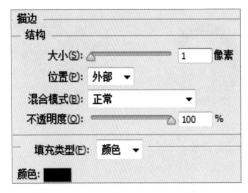

图 4-72

Step14 添加投影图层样式。在打开的【图层样式】对话框中，选中【投影】复选框，设置【不透明度】为 75%，【角度】为 120 度，【距离】

为 5 像素，【扩展】为 0%，【大小】为 5 像素，选中【使用全局光】复选框，如图 4-73 所示。最终效果如图 4-74 所示。

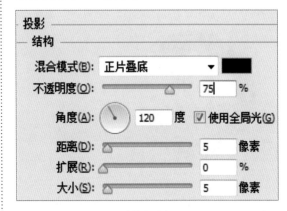

图 4-73

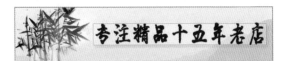

图 4-74

Step15 绘制多边形。选择【多边形工具】 ，在选项栏中，选择【形状】复选框，设置【填充】颜色为白色 #ffffff，【描边】为深灰色 #6f6b6a，粗细为 3 点，【边】为 8，拖动鼠标绘制线条，如图 4-75 所示。

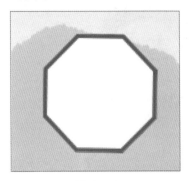

图 4-75

Step16 复制多边形。复制多边形，并调整大小，如图 4-76 所示。

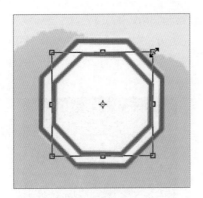

图 4-76

Step17 更改描边色彩和粗细。在选项栏中，更改【填充】颜色为白色 #ffffff，【描边】为浅灰色 #b8b8b8，粗细为 2 点，如图 4-77 所示。最终效果如图 4-78 所示。

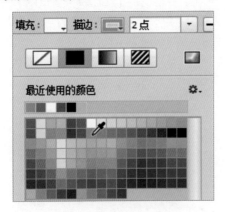

图 4-77

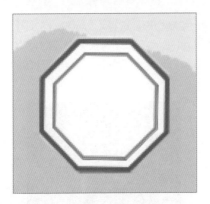

图 4-78

Step18 添加文字。使用【横排文字工具】，输入文字，设置字体为汉仪特细等线简，字体大小为 50 点，颜色为深灰色 # 5d5959，如图 4-79 所

示。最终效果如图 4-80 所示。

图 4-79

图 4-80

专家点拨

　　黑、白、灰搭配，给人古朴、典雅的视觉感受，适合应用在古典风格设计中。

030 实战：展示风格店招设计

※ 案例说明

　　展示风格店招带有促销信息，可以使用 Photoshop 中的相关工具进行设计制作。完成后的效果如图 4-81 所示。

图 4-81

※ 思路解析

　　展示风格店招可以展示店铺的主推宝贝，但忌太多，否则容易降低店铺的档次。本实例首先制作 LOGO 区，其次制作宣传语和收藏区，最后制作宝贝展示位，制作流程及思路如图 4-82 所示。

图 4-82

※ 步骤详解

Step01 **新建文件。**按【Ctrl+N】组合键，执行【新建】命令，设置【宽度】为 950 像素，【高度】为 120 像素，【分辨率】为 72 像素 / 英寸，单击【确定】按钮，如图 4-83 所示。

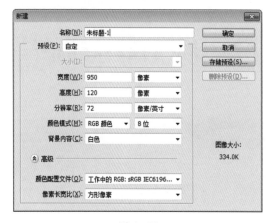

图 4-83

Step02 **填充背景。**设置前景色为深红色 #8c0708，按【Alt+Delete】组合键为背景填充颜色，如图 4-84 所示。

图 4-84

Step03 **添加LOGO素材。**打开"网盘 \ 素材文件 \ 第 4 章 \ 服饰 LOGO.tif"文件，将其拖动到当前文件中，如图 4-85 所示。

图 4-85

Step04 **绘制圆角矩形。**新建图层，设置前景色为红色 #cc0407，选择【圆角矩形工具】 ，在选项栏中，选择【像素】选项，拖动鼠标绘制线条，如图 4-86 所示。

图 4-86

Step05 **添加投影图层样式。**双击图层，在打开的【图层样式】对话框中，选中【投影】复选框，设置【不透明度】为 75%，【角度】为 120 度，【距离】为 1 像素，【扩展】为 0%，【大小】为 1 像素，选中【使用全局光】复选框，如图 4-87 所示。

图 4-87

Step06 **绘制心形。**选择【自定形状工具】 ，在选择栏的自定形状下拉列表框中，选择红心形状，绘制心形，载入选区后，填充白色 #ffffff，如图 4-88 所示。

图 4-88

Step07 **添加文字。**使用【横排文字工具】 输入文字，设置字体为黑体，字体大小为 10 点，颜色为白色 #ffffff，如图 4-89 所示。

图 4-89

Step08 继续添加文字。使用【横排文字工具】T，输入文字，设置字体为黑体，字体大小为 17 点，颜色为白色 #ffffff，如图 4-90 所示。

图 4-90

Step09 添加字母。使用【横排文字工具】T，输入字母"CLOTHING LEADSHIP BRAND/IS THE TUNE"，设置字体为 Euro Roman，字体大小为 10 点，颜色为白色 #ffffff，如图 4-91 所示。

图 4-91

Step10 绘制线条。新建图层，选择【直线工具】，在选项栏中，选择【像素】复选框，设置【粗细】为 2 像素，拖动鼠标绘制线条，如图 4-92 所示。

图 4-92

Step11 创建圆形选区。使用【椭圆选框工

具】创建圆形选区，填充深红色 #920515，如图 4-93 所示。

图 4-93

Step12 添加投影图层样式。双击图层，在打开的【图层样式】对话框中，选中【投影】复选框，设置【不透明度】为 50%，【角度】为 120 度，【距离】为 3 像素，【扩展】为 0%，【大小】为 0 像素，选中【使用全局光】复选框，如图 4-94 所示。

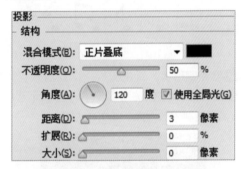

图 4-94

Step13 添加图层蒙版。在【图层】面板中，单击【添加图层蒙版】按钮，为图层添加图层蒙版，如图 4-95 所示。使用黑色【画笔工具】修改蒙版，效果如图 4-96 所示。

图 4-95

图 4-96

Step14 **选择形状。** 选择【自定形状工具】🔲，在选择栏的自定形状下拉列表框中，选择领结形状，如图 4-97 所示。

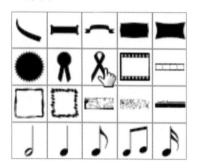

图 4-97

Step15 **绘制形状。** 新建图层，设置前景色为浅红色 #e6caca，在选项栏中，选择【像素】选项，拖动鼠标绘制领结图像，如图 4-98 所示。

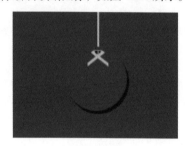

图 4-98

Step16 **添加字母。** 使用【横排文字工具】🅣 输入字母，设置字体为 Euro Roman，字体大小为 8.5 点，颜色为黄色 # fae402，如图 4-99 所示。

图 4-99

Step17 **添加文字。** 使用【横排文字工具】🅣 输入文字，设置字体为黑体，字体大小为 25 点，颜色为黄色 # fae402，如图 4-100 所示。

图 4-100

Step18 **绘制白圆。** 使用【椭圆选框工具】⭕ 创建圆形选区，填充白色 #ffffff，效果如图 4-101 所示。

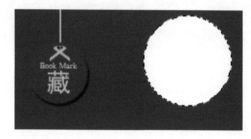

图 4-101

Step19 **添加描边图层样式。** 双击图层，在【图层样式】对话框中，选中【描边】复选框，设置【大小】为 1 像素，描边颜色为浅灰色 #ede9ea，如图 4-102 所示。

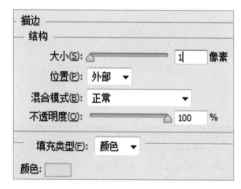

图 4-102

Step20 **添加投影图层样式。** 在【图层样式】对话框中，选中【投影】复选框，设置【不透明

度】为 34%，【角度】为 120 度，【距离】为 5
像素，【扩展】为 0%，【大小】为 5 像素，选中
【使用全局光】复选框，如图 4-103 所示。

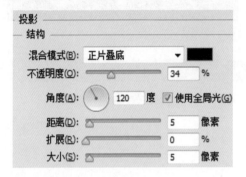

图 4-103

Step21 添加羽绒服素材。打开"网盘\素材文件\
第 4 章\羽绒服 .tif"文件，将其拖动到当前文件
中，如图 4-104 所示。

图 4-104

Step22 创建剪贴蒙版。执行【图层】→【创建
剪贴蒙版】命令，创建剪贴蒙版，如图 4-105
所示。

图 4-105

Step23 移动图像。移动图像到圆圈中间，如图
4-106 所示。

图 4-106

Step24 选择形状。选择【自定形状工具】，
在选择栏的自定形状下拉列表框中，选择会话形
状，如图 4-107 所示。

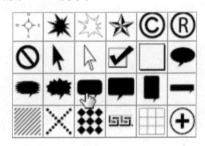

图 4-107

Step25 绘制形状。新建图层，设置前景色为红
色 #e60116，在选项栏中，选择【像素】选项，
拖动鼠标绘制会话图像，效果如图 4-108 所示。

图 4-108

Step26 添加文字。使用【横排文字工具】输
入文字，设置字体为黑体，字体大小为 10 点，颜
色为白色 #ffffff，如图 4-109 所示。

图 4-109

Step27 **添加花衣服素材。** 打开"网盘\素材文件\第 4 章\花衣服 .tif"文件，将其拖动到当前文件中，如图 4-110 所示。

图 4-110

Step28 **创建剪贴蒙版。** 执行【图层】→【创建剪贴蒙版】命令，创建剪贴蒙版，如图 4-111 所示。

图 4-111

Step29 **添加蓝大衣素材。** 打开"网盘\素材文件\第 4 章\蓝大衣 .tif"文件，将其拖动到当前文件中，如图 4-112 所示。

图 4-112

Step30 **创建剪贴蒙版。** 执行【图层】→【创建剪贴蒙版】命令，创建剪贴蒙版，如图 4-113所示。

图 4-113

美工经验

店招设计的内容和要求

店招是店铺留给顾客的第一印象，店铺定位如何、是否有优惠、是否有核心产品，都可以从店招看出来。

从内容上来说，店招上面可以有：店铺名、店铺 LOGO、店铺 Slogan、收藏按钮、关注按钮、促销产品、优惠券、活动信息 / 时间 / 倒计时、搜索框、店铺公告、网址、第二导航条、旺旺、电话热线、店铺资质、店铺荣誉等一系列信息。几乎所有能想到的内容都能在店招上面进行展现。除了店铺名必然会出现外，其他内容都可以按照卖家具体情况进行安排，如图 4-114 所示。

图 4-114

店招的吸引力可以从 LOGO、色彩、图文等方面入手。LOGO 一般放在首页店招左上方最显著的位置。在淘宝店铺中使用 LOGO 应注意，LOGO 设计尽量使用中文，让大家能快速识别。在店招设计时，还应注意其颜色、字体的设计，要与店铺整体风格相符，如图 4-115 所示。

图 4-115

4.2 同步实训

通过前面内容的学习，相信读者已熟悉了在 Photoshop 中进行店招设计的方法。为了巩固所学内容，下面安排两个同步训练，读者可以结合思路解析自己动手强化练习。

031 实训：清新风格店招设计

※ 案例说明

清新店招能够让浏览者赏心悦目，可以使用 Photoshop 中的相关工具进行设计制作。完成后的效果如图 4-116 所示。

图 4-116

※ 思路解析

清新店招使店铺充满亲切感，同时，对店铺的产品也会充满好感。本实例首先制作店铺名称，其次制作装饰图，最后添加点缀图，制作流程及思路如图 4-117 所示。

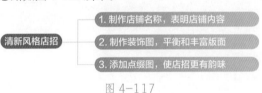

图 4-117

※ 关键步骤

关键步骤一： 新建文件。按【Ctrl+N】组合键，执行【新建】命令，设置【宽度】为 950 像素，【高度】为 120 像素，【分辨率】为 72 像素 / 英寸，单击【确定】按钮。

关键步骤二： 添加绿心和绿叶素材。打开 "网盘 \ 素材文件 \ 第 4 章 \ 绿心 .jpg" 文件，将其拖动到当前文件中，更改图层【不透明度】为 50%；打开 "网盘 \ 素材文件 \ 第 4 章 \ 绿叶 .jpg" 文件，将其拖动到当前文件中。

关键步骤三： 添加图层蒙版。在【图层】面板中，单击【添加图层蒙版】按钮，为绿叶图层添加图层蒙版。使用黑色【画笔工具】修改蒙版。

关键步骤四： 添加文字。使用【横排文字工具】输入文字，设置字体为 Arial，字体大小为 10 点，颜色为绿色 # a1d21d；使用【横排文字工具】输入文字，设置字体为微软雅黑，字体大小为 28 点，颜色为绿色 #6a981e。

关键步骤五： 复制变换文字。复制文字，按【Ctrl+T】组合键，进入自由变换状态，移动变换中心点到中下方，执行【编辑】→【变换】→【垂直翻转】命令，垂直翻转文字，更改图层【不透明度】为 30%。

关键步骤六： 添加文字并调整不透明度。使用【横排文字工具】输入文字，设置字体为 Arial，字体大小为 15 点，颜色为绿色 # 90af01，更改图层【不透明度】为 30%。

关键步骤七： 添加单片绿叶素材。打开 "网盘 \ 素材文件 \ 第 4 章 \ 单片绿叶 .tif" 文件，将其拖动到当前文件中。复制多片绿叶，调整大小和位置。

032 实训：动感风格店招设计

※ 案例说明

动感店招特征是充满活力，可以使用 Photoshop 中的相关工具进行设计制作。完成后的效果如图 4-118 所示。

图 4-118

※ 思路解析

动感店招可以充分调动购买者的积极性，增加购买欲望。本实例首先制作杂点底色，其次制作动感背景，最后添加店铺名称，制作流程及思路如图 4-119 所示。

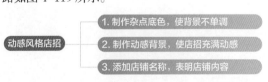

图 4-119

※ 关键步骤

关键步骤一： 新建文件。按【Ctrl+N】组合键，执行【新建】命令，设置【宽度】为 950 像素，【高度】为 120 像素，【分辨率】为 72 像素 / 英寸，单击【确定】按钮。

关键步骤二： 填充背景并添加杂色。设置前景色为黑色 #000000，按【Alt+Delete】组合键为背景填充黑色。执行【滤镜】→【杂色】→【添加杂色】命令，设置【数量】为 30%，【分布】为高斯分布，选中【单色】复选框，单击【确定】按钮。

关键步骤三： 添加飘带素材。打开"网盘 \ 素材文件 \ 第 4 章 \ 飘带 .tif"文件，将其拖动到当前文件中。

关键步骤四： 添加文字。使用【横排文字工具】T.输入文字，设置字体为方正粗圆简体，字体大小为 50 点，颜色为白色 #ffffff。

关键步骤五： 添加描边图层样式。双击图层，在【图层样式】对话框中，选中【描边】复选框，设置【大小】为 2 像素，描边颜色为深红色 # 820404。

关键步骤六： 添加渐变叠加图层样式。在【图层样式】对话框中，选中【渐变叠加】复选框，【样式】为线性，【角度】为 90 度，【缩放】为 100%，单击渐变色条，在【渐变编辑器】对话框中，设置渐变色标为橙色 #ffdf4f、深橙色 #e9c31d、深橙色 #e9c31、浅橙色 #fff9ad、白色 #ffffff。

第5章
店铺导航条设计

本章导读　　导航条位于店招下方，它是顾客访问店铺的快速通道，可以让顾客方便地浏览店铺内容。本章将学习使用 Photoshop 设计店铺导航条的方法。希望读者掌握基本的操作方法，并学会熟练应用。

知识要点

☆ 小清新风格导航条　　　　　　　☆ 女性风格导航条

☆ 经典天猫导航条　　　　　　　　☆ 高端天猫导航条

☆ 黑白时尚导航条　　　　　　　　☆ 大气风格导航条

☆ 文字风格导航条

案例展示

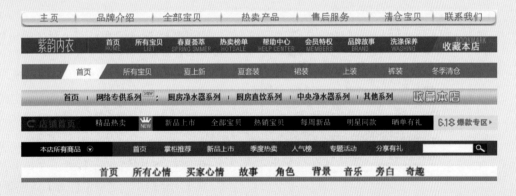

5.1 导航条设计实例

导航条虽然在主页中所占比例不大，但是，所起的作用却是非常重要的。有了它，顾客浏览店铺时便有了头绪，轻松查看到自己想要的宝贝。设计导航条时，需要与整体页面的风格相统一。本节将介绍导航条的设计制作方法。

033 实战：小清新风格导航条

※ 案例说明

清新风格导航条带给人自然的心理感受，可以使用 Photoshop 中的相关工具进行设计制作。完成后的效果如图 5-1 所示。

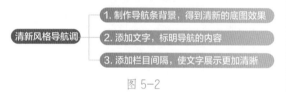

图 5-1

※ 思路解析

清新风格导航条可以采用淡雅的黄绿色为主色。本实例首先制作导航条背景，其次添加文字，最后制作栏目间隔，制作流程及思路如图 5-2 所示。

清新风格导航调 →
1. 制作导航条背景，得到清新的底图效果
2. 添加文字，标明导航的内容
3. 添加栏目间隔，使文字展示更加清晰

图 5-2

※ 步骤详解

Step01 **新建文件。** 按【Ctrl+N】组合键，执行【新建】命令，设置【宽度】为 950 像素，【高度】为 30 像素，【分辨率】为 72 像素 / 英寸，单击【确定】按钮，如图 5-3 所示。

图 5-3

Step02 **填充背景。** 选择【圆角矩形工具】，在选项栏中，选择【形状】复选框，设置【半径】为 10 像素，拖动鼠标绘制形状，如图 5-4 所示。

图 5-4

Step03 **添加渐变叠加图层样式。** 双击图层，在【图层样式】对话框中，选中【渐变叠加】复选框，设置【样式】为线性，【角度】为 90 度，【缩放】为 100%，单击渐变色条，如图 5-5 所示。

图 5-5

Step04 **设置渐变色。** 在【渐变编辑器】对话框中，设置渐变色标为白色 #ffffff、黄绿色 #bef743、白色 #ffffff、白色 #ffffff，如图 5-6 所示。

图 5-6

Step05 **添加投影图层样式。** 在打开的【图层样式】对话框中，选中【投影】复选框，设置【不透明度】为 75%，【角度】为 90 度，【距离】为 3 像素，【扩展】为 0%，【大小】为 6 像素，选中【使用全局光】复选框，如图 5-7 所示。

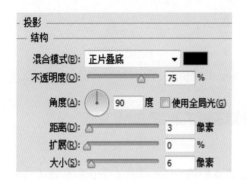

图 5–7

Step06 **添加文字**。使用【横排文字工具】输入文字，设置字体为黑体，字体大小为 18 点，颜色为深绿色 #4a6715，如图 5–8 所示。

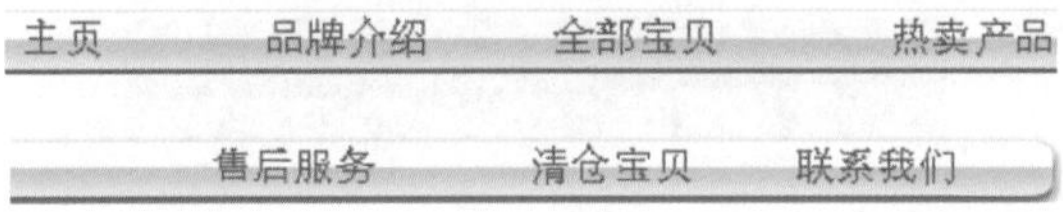

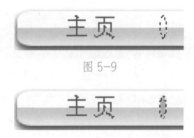

图 5–8

Step07 **创建分隔线**。使用【椭圆选框工具】创建圆形选区，如图 5–9 所示。填充灰色 #b5b5b5，效果如图 5–10 所示。

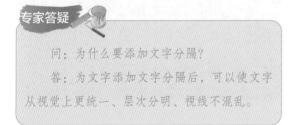

图 5–9

图 5–10

专家答疑

问：为什么要添加文字分隔？

答：为文字添加文字分隔后，可以使文字从视觉上更统一、层次分明、视线不混乱。

Step08 **动感模糊**。执行【滤镜】→【模糊】→【动感模糊】命令，设置【角度】为 –90 度，【距离】为 10 像素，单击【确定】按钮，如图 5–11 所示。效果如图 5–12 所示。

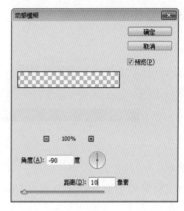

图 5–11

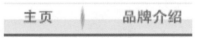

图 5–12

Step09 **创建其他分隔线**。复制生成其他分隔线，效果如图 5–13 所示。图层效果如图 5–14 所示。

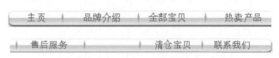

图 5–13

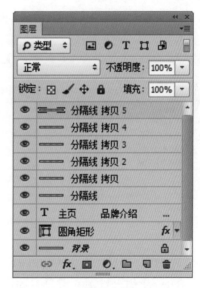

图 5–14

034 实战：女性风格导航条

※ 案例说明

女性风格导航条带给人柔媚的感觉，可以使用 Photoshop 中的相关工具进行设计制作。完成后的效果如图 5-15 所示。

图 5-15

※ 思路解析

女性风格导航条通常用于女性产品店铺中，如内衣、化妆品等。本实例首先制作彩虹背景，其次添加文字，最后调整图层不透明度，制作流程及思路如图 5-16 所示。

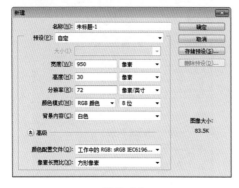

图 5-16

※ 步骤详解

Step01 **新建文件**。按【Ctrl+N】组合键，执行【新建】命令，设置【宽度】为 950 像素，【高度】为 30 像素，【分辨率】为 72 像素 / 英寸，单击【确定】按钮，如图 5-17 所示。

图 5-17

Step02 **填充背景**。设置前景色为紫色 #8b1464，按【Alt+Delete】组合键填充背景，如图 5-18 所示。

图 5-18

Step03 **创建选区**。使用【多边形套索工具】创建选区。填充稍浅的紫色 #bd1d8b，如图 5-19 所示。

图 5-19

Step04 **绘制粉色线条**。选择【直线工具】，在选项栏中，选择【像素】选项，【描边】为粉红色 #da63b3，【粗细】为 1 像素，拖动鼠标绘制线条，如图 5-20 所示。

图 5-20

Step05 **绘制线条阴影**。设置【描边】为深紫色 #28081d，【粗细】为 1 像素，拖动鼠标绘制线条阴影，如图 5-21 所示。

图 5-21

Step06 **添加文字**。创建中文图层组，使用【横排文字工具】输入文字，设置字体为汉仪黑咪体简，字体大小为 18 点，颜色为白色 #ffffff，如图 5-22 所示。

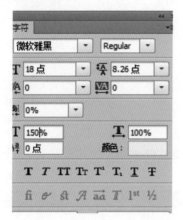

图 5-22

Step07 **设置垂直缩放。**在【字符】面板中，设置【垂直缩放】为 150%，如图 5-23 所示。最终效果如图 5-24 所示。

图 5-23

图 5-24

Step08 **继续添加文字。**使用【横排文字工具】 Ｔ，输入文字，设置字体为微软雅黑，字体大小为 13 点，颜色为白色 #ffffff，如图 5-25 所示。

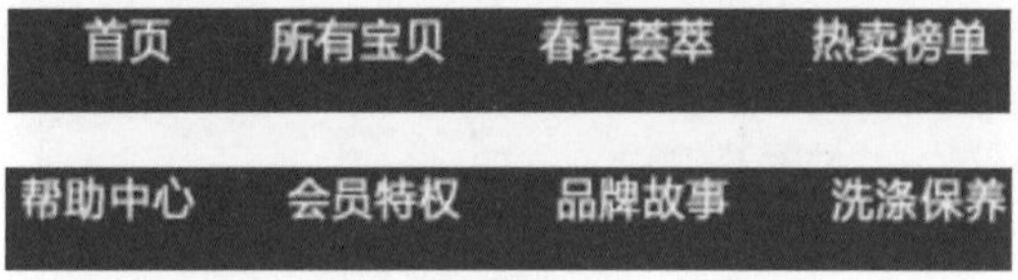

图 5-25

Step09 **添加字母。**创建英文图层组，使用【横排文字工具】 Ｔ，输入字母，设置字体为 Arial，字体大小为 12 点，颜色为白色 #ffffff，如图 5-26 所示。

图 5-26

Step10 **调整图层组不透明度。**更改英文图层组不透明度为 60%，如图 5-27 所示。效果如图 5-27 所示。

图 5-27

图 5-28

Step11 **继续添加字母。**使用【横排文字工具】 Ｔ，输入字母，设置字体为 Myriod Pro，字体大小为 10 点，颜色为白色 #ffffff，如图 5-29 所示。

图 5-29

Step12 **调整图层不透明度。**更改图层【不透明度】为 45%，如图 5-30 所示。

图 5-30

专家答疑

问：降低 BOOKMARK 图层不透明度有什么作用？

答：降低次重要文字的不透明度，可以突出主要文字，并起到丰富版面的作用。

Step13 **添加文字**。使用【横排文字工具】[T]输入文字，设置字体为黑体，字体大小为 18 点，颜色为白色 #ffffff，如图 5-31 所示。

图 5-31

035 实战：经典天猫导航条

※ 案例说明

天猫店导航条有一些固定的元素，如色彩和尺寸，可以使用 Photoshop 中的相关工具进行设计制作。完成后的效果如图 5-32 所示。

| 首页 | 所有宝贝 | 夏上新 | 夏套装 | 裙装 | 上装 | 裤装 | 冬季清仓 |

图 5-32

※ 思路解析

天猫店导航条的宽度略宽，更显大气。本实例首先制作底色，其次制作文字底图，最后添加文字，制作流程及思路如图 5-33 所示。

图 5-33

※ 步骤详解

Step01 **新建文件**。按【Ctrl+N】组合键，执行【新建】命令，设置【宽度】为 990 像素，【高度】为 30 像素，【分辨率】为 72 像素 / 英寸，单击【确定】按钮，如图 5-34 所示。

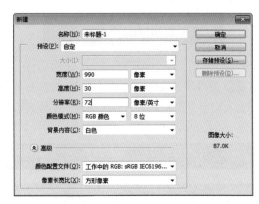

图 5-34

Step02 **填充背景**。设置前景色为洋红色 # fe0036，按【Alt+Delete】组合键为背景填充颜色，如图 5-35 所示。

图 5-35

Step03 **创建填充选区**。新建图层，使用【矩形选框工具】[::]创建选区，填充白色 #ffffff，如图 5-36 所示。

图 5-36

Step04 **变换图像。**执行【编辑】→【变换】→【斜切】命令，变换图像，如图 5-37 所示。

图 5-37

Step05 **添加文字。**使用【横排文字工具】<u>T.</u>输入文字，设置字体为微软雅黑，字体大小为 15 点，颜色为洋红色 #fe0036 和白色 #ffffff，如图 5-38 所示。

图 5-38

036 实战：高端天猫导航条

※ 案例说明

高端天猫店铺风格高端，从而提升产品档次，可以使用 Photoshop 中的相关工具进行设计制作。完成后的效果如图 5-39 所示。

图 5-39

※ 思路解析

高端天猫店铺导航条可以从色彩、字体等方面提升高端属性。本实例首先制作底色，其次制作分类文字，最后制作收藏栏，制作流程及思路如图 5-40 所示。

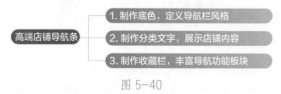

图 5-40

※ 步骤详解

Step01 **新建文件。**按【Ctrl+N】组合键，执行【新建】命令，设置【宽度】为 990 像素，【高度】为 30 像素，【分辨率】为 72 像素 / 英寸，单击【确定】按钮，如图 5-41 所示。

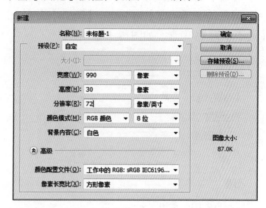

图 5-41

Step02 **新建图层。**新建图层，为图层填充任意颜色，如图 5-42 所示。

图 5-42

Step03 **添加渐变叠加图层样式。**双击图层，在【图层样式】对话框中，选中【渐变叠加】复选框，设置【样式】为线性，【角度】为 90 度，【缩放】为 100%，单击渐变色条，如图 5-43 所示。

图 5-43

Step04 **设置渐变色。**在【渐变编辑器】对话框中，设置渐变色标为深黄色 #b87d1c、黄色 #be8f17、深黄色 #b87d1c，如图 5-44 所示。

图 5-44

Step05 **添加内发光图层样式。**双击图层，在【图层样式】对话框中，选中【内发光】复选框，设置【混合模式】为正常，发光颜色为白色 #ffffff，【不透明度】为 40%，【阻塞】为 0%，【大小】为 15 像素，如图 5-45 所示。

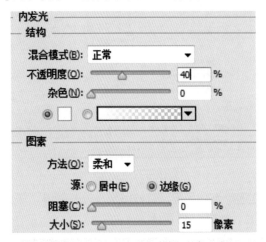

图 5-45

Step06 **添加文字。** 使用【横排文字工具】T输入文字，设置字体为宋体，字体大小为 14 点，颜色为深红色 #53271a，如图 5-46 所示。

首页　　网络专供系列　　厨房净水器系列

厨房直饮系列　　中央净水器系列　　其他系列

图 5-46

Step07 **创建矩形选区。** 使用【矩形选框工具】□创建选区，如图 5-47 所示。

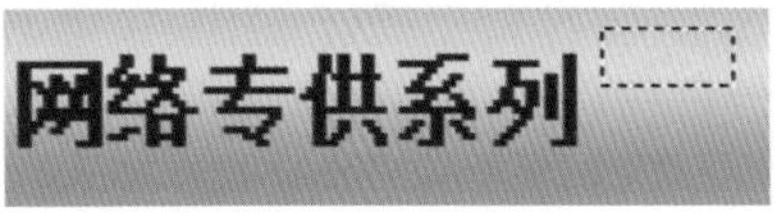

网络专供系列

图 5-47

Step08 **描边选区。** 执行【编辑】→【描边】命令，设置【宽度】为 1 像素，颜色为黄色 #e09001，单击【确定】按钮，如图 5-48 所示。描边效果如图 5-49 所示。

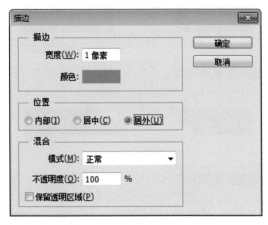

图 5-48

图 5-49

Step09 **添加字母。** 使用【横排文字工具】T输入文字，设置字体为 Charlemagne Std，字体大小为 6 点，颜色为红色 #ed1c24，如图 5-50 所示。

网络专供系列

图 5-50

Step10 **绘制线条。** 新建图层，选择【直线工具】／，在选项栏中，选择【像素】选项，【描边】为无，【粗细】为 1 像素，拖动鼠标绘制线条，如图 5-51 所示。

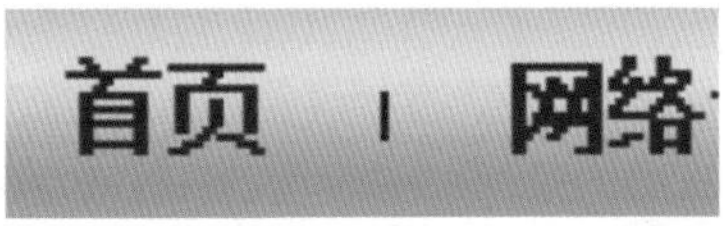

首页 ┃ 网络

图 5-51

Step11 **载入图层选区。** 按住【Ctrl】键，单击图层缩览图，载入图层选区，如图 5-52 所示。

图 5-52

Step12 复制直线。按住【Alt】键，拖动复制直线图像。继续拖动，复制多个直线图像，如图 5-53 所示。

首页 ｜ 网络专供系列 **NEW**

厨房净水器系列 ｜ 厨房直饮系列 ｜ 中央净水器系列 ｜ 其他系列

图 5-53

Step13 添加文字。使用【横排文字工具】 T ，输入文字，设置字体为汉仪综艺体简，字体大小为 21 点，如图 5-54 所示。

其他系列　收藏本店

图 5-54

Step14 添加描边图层样式。双击图层，在【图层样式】对话框中，选中【描边】复选框，设置【大小】为 1 像素，描边颜色为深黄色 #603913，如图 5-55 所示。

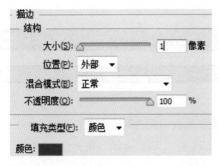

图 5-55

Step15 添加渐变叠加图层样式。双击图层，在【图层样式】对话框中，选中【渐变叠加】复选框，设置【样式】为线性，【角度】为 90 度，【缩放】为 100%，单击渐变色条，如图 5-56 所示。

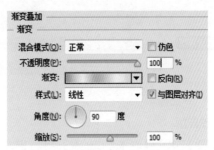

图 5-56

Step16 设置渐变色。在【渐变编辑器】对话框中，设置渐变色标为深黄色 #cea554、白色 #ffffff、黄色 #e2c85b、白色 #ffffff、黄色 #f7ed76，如图 5-57 所示。最终效果如图 5-58 所示。

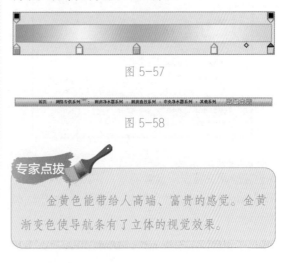

图 5-57

首页 ｜ 网络专供系列 NEW ｜ 厨房净水器系列 ｜ 厨房直饮系列 ｜ 中央净水器系列 ｜ 其他系列　收藏本店

图 5-58

专家点拨

金黄色能带给人高端、富贵的感觉。金黄渐变色使导航条有了立体的视觉效果。

037 实战：黑白时尚导航条

※ 案例说明

黑白天猫店导航条风格时尚上档次，可以使用 Photoshop 中的相关工具进行设计制作。完成后的效果如图 5-59 所示。

精品档头 新品上市 全棉宝贝 热销宝贝 每周新品 申屋问答 酒坛有礼 6.18 嗨歌专区

图 5-59

※ 思路解析

　　黑白天猫店导航条虽然色彩底沉，但层次分明。本实例首先制作店铺首页类别，其次选择自定形状，最后添加文字，制作流程及思路如图5-60所示。

图 5-60

※ 步骤详解

Step01 **新建文件。** 按【Ctrl+N】组合键，执行【新建】命令，设置【宽度】为990像素，【高度】为30像素，【分辨率】为72像素/英寸，单击【确定】按钮，如图5-61所示。

图 5-61

Step02 **填充背景。** 设置前景色为黑色#000000，按【Alt+Delete】组合键填充背景，如图5-62所示。

图 5-62

Step03 **创建填充选区。** 新建图层，使用【矩形选框工具】创建选区，填充灰色#202020，如图5-63所示。

图 5-63

Step04 **选择自定形状。** 设置前景色为深红

色 #b90000，新建图层，选择【自定形状工具】，在选择栏的自定形状下拉列表框中，选择箭头18形状，如图5-64所示。在选项栏中，选择【像素】选项，拖动鼠标绘制图像，如图5-65所示。

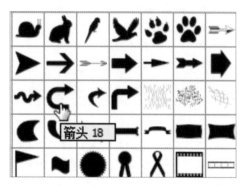

图 5-64

图 5-65

Step05 **添加文字。** 使用【横排文字工具】输入文字，设置字体为黑体，大小为19点，颜色为深红色 #b90000，如图5-66所示。

图 5-66

Step06 **继续添加文字。** 使用【横排文字工具】输入白色（#ffffff）和黄色（#f0ff00）文字，设置字体为宋体，字体大小为16点，如图5-67所示。

图 5-67

Step07 **创建填充选区。** 新建图层，使用【矩形选框工具】创建选区，填充红色#f82323，如图5-68所示。

图 5-68

Step08 **选择自定形状。** 设置前景色为白色 #ffffff，新建图层，选择【自定形状工具】，在选择栏的自定形状下拉列表框中，选择皇冠 4 形状，如图 5-69 所示。在选项栏中，选择【像素】选项，拖动鼠标绘制图像，如图 5-70 所示。

图 5-69

图 5-70

Step09 **删除多余图像。** 使用【矩形选框工具】选中下方图像，按【Delete】键删除图像，如图 5-71 所示。

图 5-71

Step10 **添加字母。** 使用【横排文字工具】，输入字母，设置字体为黑体，字体大小为 10 点，颜色为白色 # ffffff，如图 5-72 所示。

图 5-72

Step11 **创建选区。** 新建图层，使用【矩形选框工具】创建选区，填充黄色 #fffc00，如图 5-73 所示。

图 5-73

Step12 **添加素材。** 打开"网盘 \ 素材文件 \ 第 5 章 \6.18.tif"文件，将其拖动到当前文件中，如图 5-74 所示。

图 5-74

Step13 **添加文字。** 使用【横排文字工具】输入文字，设置字体为汉仪大黑简，字体大小为 10 点，颜色为红色 #f41945，如图 5-75 所示。

图 5-75

Step14 **绘制三角形。** 新建图层，选择【多边形工具】，在选项栏中，设置【边数】为 3，选择【像素】选项，拖动鼠标绘制图像，如图 5-76 所示。

图 5-76

 美工经验

导航条设计的作用和设计的基本要求

导航条虽不大，在淘宝店铺中却发挥着重要的作用。它将店铺内容进行分类，以方便顾客寻找，包括宝贝类别、晒单类别、品牌介绍、店铺介绍、售后服务等。导航条位于店铺店招的下方，通常淘宝美工将店招和导航条合并设计，合并设计尺寸为淘宝店铺：宽度为 950 像素，高度为 150 像素，天猫店铺：宽度为 990 像素，高度为 150 像素，后期再进行切图输出。

　　导航条的宽度与店招同宽，淘宝店铺有文字内容的部分建议在 950 像素以内，天猫店铺建议在 990 像素以内，高度为 30 像素。它是顾客访问店铺的快速通道，可以让顾客方便地从一个页面跳转到另一个页面，查看店铺的各类商品及信息。因此，清晰的导航条能保证更多店铺页面被访问，使更多的商品得到展现。

　　导航条的设置并不是越多越好，而是需要结合店铺的运营，选取对店铺经营有帮助、有优势的内容。导航条在首页布局所占的比例并不大，但是其所附带传播的信息对于塑造店铺的个性化形象至关重要，导航条的设计应与店铺整体风格搭配，如图 5-77 所示。

图 5-77

5.2　同步实训

038 实训：大气风格导航条

※ 案例说明

　　大气店铺导航条风格大气，可以使用 Photoshop 中的相关工具进行设计制作。完成后的效果如图 5-78 所示。

图 5-78

※ 思路解析

　　大气风格店铺导航条适用范围广。本实例首先制作底色，其次制作文字，最后制作搜索栏，制作流程及思路如图 5-79 所示。

大气风格导航条

1. 制作底色，定义导航条整体风格
2. 制作文字，标明店铺内容
3. 制作搜索栏，丰富导航功能

图 5-79

※ 关键步骤

　　关键步骤一：新建文件。按【Ctrl+N】组合键，执行【新建】命令，设置【宽度】为 990 像素，【高度】为 30 像素，【分辨率】为 72 像素 / 英寸，单击【确定】按钮。

　　关键步骤二：填充背景并创建选区。设置前景色为蓝色 #172850，按【Alt+Delete】组合键填充背景。新建图层，使用【矩形选框工具】创建选区，填充深蓝色 #020713。

　　关键步骤三：添加文字。使用【横排文字工具】输入文字，设置字体为微软雅黑，字体大小为 14 点，颜色为白色 #ffffff。

　　关键步骤四：绘制向下箭头。设置前景色为白色 #ffffff，新建图层，选择【自定形状工具】，在选择栏的自定形状下拉列表框中，选择向下箭头形状。在选项栏中，选择【像素】选项，拖动鼠标绘制图像。

关键步骤五： 创建输入框。新建图层，使用【矩形选框工具】 创建选区，填充白色 #ffffff。

关键步骤六： 添加描边图层样式。双击图层，在【图层样式】对话框中，选中【描边】复选框，设置【大小】为 1 像素，描边颜色为浅蓝色 # 989dff。

关键步骤七： 创建搜索框。新建图层，使用【矩形选框工具】 创建选区，填充深蓝色 #0a142b。

关键步骤八： 添加描边图层样式。双击图层，在【图层样式】对话框中，选中【描边】复选框，设置【大小】为 1 像素，描边颜色为黑色 #000000。

关键步骤九： 绘制搜索图形。设置前景色为白色 #ffffff，新建图层，选择【自定形状工具】 ，在选择栏的自定形状下拉列表框中，选择搜索形状。在选项栏中，选择【像素】选项，拖动鼠标绘制图像。

039 实训：文字风格导航条

※ 案例说明

　　文字风格导航条主要以文字为主，可以使用

Photoshop 中的相关工具进行设计制作。完成后的效果如图 5-80 所示。

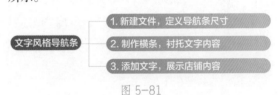

图 5-80

※ 思路解析

　　文字风格导航条文字内容较多，设计风格简约。本实例首先新建文件，其次制作文字下方横条，最后添加文字，制作流程及思路如图 5-81 所示。

文字风格导航条
1. 新建文件，定义导航条尺寸
2. 制作横条，衬托文字内容
3. 添加文字，展示店铺内容

图 5-81

※ 关键步骤

　　关键步骤一： 新建文件。按【Ctrl+N】组合键，执行【新建】命令，设置【宽度】为 950 像素，【高度】为 30 像素，【分辨率】为 72 像素 / 英寸，单击【确定】按钮。

　　关键步骤二： 填充背景。设置前景色为粉色 # eb6877，按【Alt+Delete】组合键填充背景。

　　关键步骤三： 添加文字。使用【横排文字工具】 输入文字，设置字体为宋体，字体大小为 18 点，颜色为黑色 #000000。

第6章
首屏海报设计

本章导读　　在店铺首页的设计中，首屏海报是非常重要的内容，它是店铺内部的横幅广告，可以起到宣传、促销的作用。首屏海报也需要和店铺相契合，展现出店铺的风格。本章将学习使用 Photoshop 制作海报的方法。希望读者掌握基本的操作方法，并学会根据宝贝设计制作不同的海报内容。

知识要点

☆ 实物类店铺海报　　　　　　　　　　☆ 文字类店铺海报

☆ 动感类店铺海报　　　　　　　　　　☆ 可爱类店铺海报

☆ 亲和类店铺海报　　　　　　　　　　☆ 冷酷类天猫店铺海报

☆ 时尚类天猫店铺海报　　　　　　　　☆ 展示类天猫店铺海报

☆ 优雅类天猫店铺海报

案例展示

6.1　首屏海报设计实例

首屏海报设计要吸引顾客，就需要一些创意性的想法，也需要一些合成的基础理论知识。本节将介绍首屏海报的设计方法。

040 实战：实物类店铺海报

※ 案例说明

实物类店铺海报是直接展示宝贝，给人以"开门见山"之感，直接针对顾客的诉求，可以使用 Photoshop 中的相关工具进行设计制作。完成后的效果如图 6-1 所示。

图 6-1

※ 思路解析

实物类店铺海报直接呈现宝贝，让宝贝吸引顾客。本实例首先制作海报版式，其次添加装饰，最后添加浪漫的标语，制作流程及思路如图 6-2 所示。

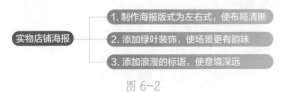

图 6-2

※ 步骤详解

Step01 新建文件。 按【Ctrl+N】组合键，执行【新建】命令，设置【宽度】为 950 像素，【高度】为 450 像素，【分辨率】为 72 像素 / 英寸，单击【确定】按钮，如图 6-3 所示。

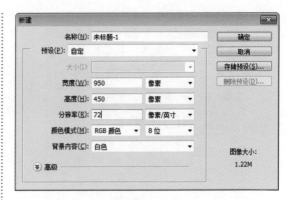

图 6-3

Step02 添加绿叶素材。 打开"网盘 \ 素材文件 \ 第 6 章 \ 绿叶 .jpg"文件，将其拖动到当前文件中，如图 6-4 所示。

图 6-4

Step03 添加四件套素材。 打开"网盘 \ 素材文件 \ 第 6 章 \ 四件套 .jpg"文件，将其拖动到当前文件中，如图 6-5 所示。

图 6-5

Step04 添加图层蒙版。 在【图层】面板中，单击【添加图层蒙版】按钮，为图层添加图层蒙版，使用黑色【画笔工具】修改蒙版，效果如图 6-6 所示。

图 6-6

Step05 添加叶片素材。打开"网盘 \ 素材文件 \ 第 6 章 \ 叶片 .tif"文件，将其拖动到当前文件中，如图 6-7 所示。

图 6-7

Step06 添加文字。使用【横排文字工具】 T，输入文字，设置字体为汉仪圆叠体简，字体大小为 60 点，如图 6-8 所示。

图 6-8

Step07 添加渐变叠加图层样式。在【图层样式】对话框中，选中【渐变叠加】复选框，设置【样式】为线性，【角度】为 90 度，【缩放】为 100%，设置渐变色标为蓝色 #0670b3、浅蓝色 #00a9e0，如图 6-9 所示。

图 6-9

Step08 添加文字。使用【横排文字工具】 T 输入文字，设置字体为黑体，字体大小为 47 点，颜色为蓝色 #033364，如图 6-10 所示。

图 6-10

Step09 继续添加文字。使用【横排文字工具】 T 输入文字，设置字体为黑体和微软雅轩，字体大小为 50 点，颜色为橙色 #f27918 和绿色 #98a43c，如图 6-11 所示。

图 6-11

左右布局的版式，可以使画面显得整齐有序，缺点是缺乏灵活性。

041 实战：文字类店铺海报

※ 案例说明

文字类店铺海报重在文字设计，可以使用 Photoshop 中的相关工具进行设计制作。完成后的效果如图 6-12 所示。

图 6-12

※ 思路解析

文字类店铺海报突出文字信息，常用于宣传特定信息。本实例首先制作背景，其次制作红包，最后制作文字效果，制作流程及思路如图 6-13 所示。

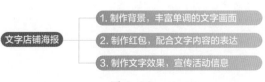

图 6-13

※ 步骤详解

Step01 新建文件。按【Ctrl+N】组合键，执行【新建】命令，设置【宽度】为 950 像素，【高度】为 450 像素，【分辨率】为 72 像素 / 英寸，单击【确定】按钮，如图 6-14 所示。

图 6-14

Step02 添加底纹素材。打开"网盘 \ 素材文件 \ 第 6 章 \ 底纹 .tif"文件，将其拖动到当前文件中，如图 6-15 所示。

图 6-15

Step03 创建调整图层。在【调整】面板中，单击【创建新的曲线调整图层】按钮，如图 6-16 所示。

图 6-16

Step04 **调整曲线。** 在【属性】面板中，调整曲线形状，如图 6-17 所示。

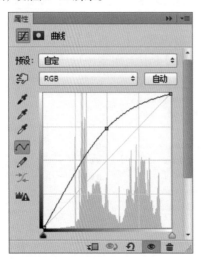

图 6-17

Step05 **创建渐变映射调整图层。** 创建渐变映射调整图层，设置渐变色为浅红色 #ff5959、浅黄色 #ffcc66，如图 6-18 所示。创建调整图层后，效果如图 6-19 所示。

图 6-18

图 6-19

问：调整图层有什么作用？

答：调整图层可以单独控制下方的图层，也可以同时控制下方的所有图层，而且调整图层不是直接作用于像素，可以随时修改和删除调整效果，属于非破坏性调整。

Step06 **创建左侧自由块。** 使用【钢笔工具】创建形状路径，在选项栏中，设置【填充】为紫色 #cc335b，效果如图 6-20 所示。

图 6-20

Step07 **创建右侧自由块。** 使用【钢笔工具】创建形状路径，在选项栏中，设置【填充】为浅紫色 #de416a，效果如图 6-21 所示。

图 6-21

Step08 **创建右下方自由块。** 使用【钢笔工具】创建形状路径，在选项栏中，设置【填充】为紫色 #cc335b，效果如图 6-22 所示。

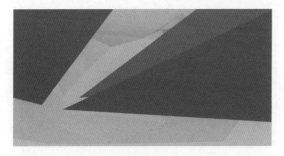

图 6-22

Step09 创建中部自由块。使用【钢笔工具】创建形状路径，在选项栏中，设置【填充】为浅紫色 #de416a，效果如图 6-23 所示。

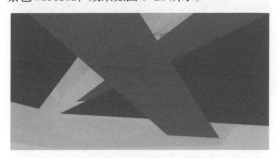

图 6-23

Step10 继续创建中部自由块。使用【钢笔工具】创建形状路径，在选项栏中，设置【填充】为红紫色 #fd4273，效果如图 6-24 所示。

图 6-24

Step11 创建图层组。创建红条纹图层组，并添加图层蒙版，使用【矩形选框工具】选中下方蒙版，填充黑色，如图 6-25 所示。最终效果如图 6-26 所示。

图 6-25

图 6-26

Step12 绘制圆角矩形。选择【圆角矩形工具】，在选项栏中，选择【形状】复选框，设置【填充】为红色 #ff0000，【描边】为无，【半径】为 10 像素，拖动鼠标绘制圆角矩形，如图 6-27 所示。

图 6-27

Step13 添加描边图层样式。在【图层样式】对话框中，选中【描边】复选框，设置【大小】为 2 像素，描边【颜色】为黑色 #000000，如图 6-28

所示，最终效果如图 6-29 所示。

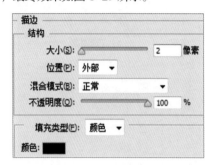

图 6-28

图 6-29

Step14 **制作其他红包。** 使用相似的方法，制作其他红包，效果如图 6-30 所示。

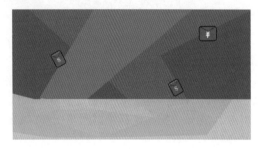

图 6-30

Step15 **继续制作其他红包。** 使用相似的方法，继续制作其他红包，并适当模糊其中的一两个红包，效果如图 6-31 所示。

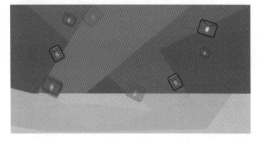

图 6-31

专家点拨

盖印红包图层后，执行【滤镜】→【模糊】→【动感模糊】命令，即可对红包进行动感模糊处理。

Step16 **创建深红底。** 使用【多边形套索工具】创建选区，填充深红色 #3f1f27，如图 6-32 所示。

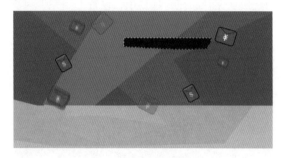

图 6-32

Step17 **添加文字。** 使用【横排文字工具】输入文字，设置字体为黑体，字体大小为 30 点，颜色为白色 #ffffff，如图 6-33 所示。

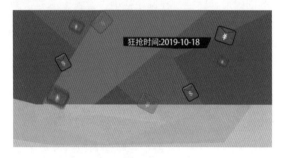

图 6-33

Step18 **继续添加数字和文字。** 使用【横排文字工具】输入数字和文字，设置数字字体为黑体，文字字体为汉仪圆叠体简，字体大小分别为 200 点和 120 点，颜色为黄色 #fff100 和粉红色 #ff5783，如图 6-34 所示。

图 6-34

Step19 添加描边图层样式。在【图层样式】对话框中，选中【描边】复选框，设置【大小】为 16 像素，【描边】颜色为黑色 #000000，如图 6-35 所示。最终效果如图 6-36 所示。

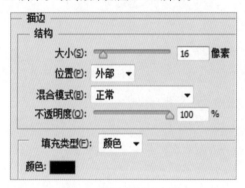

图 6-35

图 6-36

042 实战：动感类店铺海报

※ 案例说明

　　动感类店铺海报让画面定格在运动的瞬间，可以使用 Photoshop 中的相关工具进行设计制作。完成后的效果如图 6-37 所示。

图 6-37

※ 思路解析

　　动感类店铺海报通过动感画面吸引顾客，让画面充满想象力。本实例首先制作水面场景，其次制作宝贝主体，最后添加说明文字和装饰图像，制作流程及思路如图 6-38 所示。

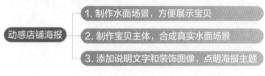

图 6-38

※ 步骤详解

Step01 新建文件。按【Ctrl+N】组合键，执行【新建】命令，设置【宽度】为 950 像素，【高度】为 450 像素，【分辨率】为 72 像素 / 英寸，单击【确定】按钮，如图 6-39 所示。

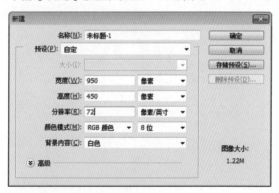

图 6-39

Step02 添加水底背景素材。打开"网盘 \ 素材文件 \ 第 6 章 \ 水底背景 .jpg"文件，将其拖动到当前文件中，效果如图 6-40 所示。

图 6-40

Step03 **填充图层**。新建图层，设置前景色为蓝色 #51afb7，按【Alt+Delete】组合键为图层填充颜色，如图 6-41 所示。

图 6-41

Step04 **创建选区**。使用【套索工具】创建选区，如图 6-42 所示。

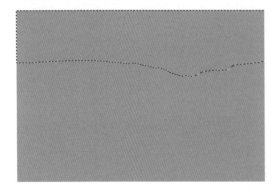

图 6-42

Step05 **羽化选区操作**。按【Shift+F6】组合键，执行【羽化选区】命令，设置【羽化半径】为 5 像素，单击【确定】按钮，如图 6-43 所示。

图 6-43

Step06 **删除图像**。按【Delete】键删除多余图像，如图 6-44 所示。

图 6-44

Step07 **添加图层蒙版**。在【图层】面板中，单击【添加图层蒙版】按钮，为图层添加图层蒙版，使用黑色【画笔工具】修改蒙版，如图 6-45 所示。最终效果如图 6-46 所示。

图 6-45

图 6-46

Step08 **添加产品素材。**打开"网盘\素材文件\第 6 章\产品 .tif"文件，将其拖动到当前文件中，如图 6-47 所示。

图 6-47

Step09 **添加花朵素材。**打开"网盘\素材文件\第 6 章\花朵 .tif"文件，将其拖动到当前文件中，如图 6-48 所示。

图 6-48

Step10 **载入图层选区。**按住【Ctrl】键，单击花朵图层缩览图，如图 6-49 所示。通过前面的操作，载入图层选区，如图 6-50 所示。

图 6-49

图 6-50

Step11 **羽化选区操作。**按【Shift+F6】组合键，执行【羽化选区】命令，设置【羽化半径】为 3像素，单击【确定】按钮，如图 6-51 所示。

图 6-51

Step12 **复制并填充图层。**复制花朵图层，填充黑色 #000000，如图 6-52 所示。

图 6-52

Step13 调整图层不透明度。更改图层【不透明度】为 30%，将图层名称改为"花朵投影"，如图 6-53 所示。最终效果如图 6-54 所示。

图 6-53

图 6-54

Step14 继续复制花朵。继续复制花朵图层，命名为"水下花朵"，调整位置和大小，将其放置

到产品图层下方，如图 6-55 所示。

图 6-55

Step15 添加蝴蝶素材。打开"网盘 \ 素材文件 \ 第 6 章 \ 蝴蝶 .tif"文件，将其拖动到当前文件中，如图 6-56 所示。

图 6-56

Step16 制作动感蝴蝶。复制蝴蝶，将新图层命名为"蝴蝶动感"，执行【滤镜】→【模糊】→【动感模糊】命令，设置【角度】为 0 度，【距离】为 36 像素，单击【确定】按钮，如图 6-57 所示。

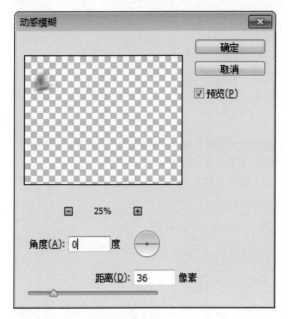

图 6-57

Step17 调整图层不透明度。更改图层【不透明度】为 30%，并调整图层顺序，如图 6-58 所示。最终效果如图 6-59 所示。

图 6-58

图 6-59

Step18 添加文字。使用【横排文字工具】T 输入文字，设置字体为汉仪中圆简，字体大小为 25 点，颜色为蓝色 #019aaa，如图 6-60 所示。

图 6-60

043 实战：可爱类店铺海报

※ 案例说明

　　可爱类店铺海报通常比较卡通和浅显，可以使用 Photoshop 中的相关工具进行设计制作。完成后的效果如图 6-61 所示。

图 6-61

※ 思路解析

可爱类店铺海报能够带给人愉悦、舒适的心理感受，最好不要使用太尖锐的色调。本实例首先制作背景，其次添加宝贝，最后为宝贝添加投影，制作流程及思路如图 6-62 所示。

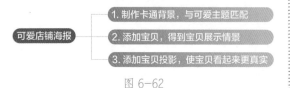

图 6-62

※ 步骤详解

Step01 **新建文件。** 按【Ctrl+N】组合键，执行【新建】命令，设置【宽度】为 950 像素，【高度】为 450 像素，【分辨率】为 72 像素 / 英寸，单击【确定】按钮，如图 6-63 所示。

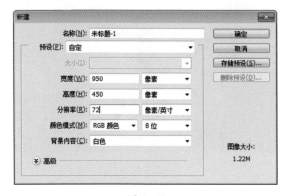

图 6-63

Step02 **添加可爱背景素材。** 打开"网盘 \ 素材文件 \ 第 6 章 \ 可爱背景 .jpg"文件，将其拖动到当前文件中，如图 6-64 所示。

图 6-64

Step03 **添加卡通婴儿素材。** 打开"网盘 \ 素材文件 \ 第 6 章 \ 卡通婴儿 .tif"文件，将其拖动到当前文件中，如图 6-65 所示。

图 6-65

Step04 **添加文字。** 使用【横排文字工具】T，输入文字，设置字体为粗标宋体，字体大小为 65 点，颜色为红色 #fd3b3b，如图 6-66 所示。

图 6-66

Step05 **创建矩形选区。** 使用【矩形选框工具】创建选区，填充浅红色 #fa7777，如图 6-67 所示。

图 6-67

Step06 **添加字母。** 使用【横排文字工具】T，输入字母，设置字体为 Aparajita，字体大小为 19 点，颜色为白色 #ffffff，如图 6-68 所示。

图 6-68

Step07 添加文字。使用【横排文字工具】 T 输入文字，设置字体为黑体，字体大小为 25 点，颜色为红色 #fd3b3b，如图 6-69 所示。

图 6-69

Step08 添加奶瓶素材。打开"网盘 \ 素材文件 \ 第 6 章 \ 奶瓶 .tif"文件，将其拖动到当前文件中，如图 6-70 所示。

图 6-70

Step09 添加投影图层样式。双击图层，在打开的【图层样式】对话框中，选中【投影】复选框，设置【不透明度】为 25%，【角度】为 120 度，【距离】为 3 像素，【扩展】为 0%，【大小】为 5 像素，选中【使用全局光】复选框，如图 6-71 所示。最终效果如图 6-72 所示。

图 6-71

图 6-72

 专家点拨

左上部是视觉重心，将重点文字安全放在此位置，可以突出奶瓶安全的特征。

044 实战：亲和类店铺海报

※ 案例说明

亲和类店铺海报给人非常亲切的感觉，可以使用 Photoshop 中的相关工具进行设计制作。完成后的效果如图 6-73 所示。

图 6-73

※ 思路解析

亲和类店铺海报从人们的情感诉求出发进行设计，从而提升宝贝的销售量。本实例首先制作主图，其次制作文字内容，最后制作装饰图像，制作流程及思路如图 6-74 所示。

亲和店铺海报
1. 制作主图，打造真实的亲和氛围
2. 制作文字内容，对产品进行宣传
3. 制作装饰图像，使整体氛围更加浓郁

图 6-74

※ 步骤详解

Step01 **新建文件。** 按【Ctrl+N】组合键，执行【新建】命令，设置【宽度】为 950 像素，【高度】为 450 像素，【分辨率】为 72 像素 / 英寸，单击【确定】按钮，如图 6-75 所示。

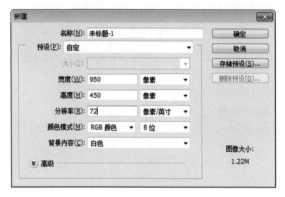

图 6-75

Step02 **填充背景。** 设置前景色为青色 #84ded6，按【Alt+Delete】组合键填充背景，如图 6-76所示。

图 6-76

Step03 **填充背景。** 新建图层，使用【多边形套索工具】创建选区，填充浅红色 #f88d9e，如

图 6-77 所示。

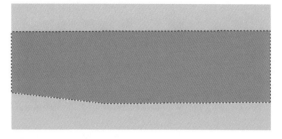

图 6-77

Step04 **添加母婴素材。** 打开"网盘 \ 素材文件 \ 第 6 章 \ 母婴 .tif"文件，将其拖动到当前文件中，如图 6-78 所示。

图 6-78

Step05 **添加文字。** 使用【横排文字工具】 输入文字，设置字体为方正少儿简体，字体大小为 100 点，颜色为绿色 #14b492、红色 #f23a64、橙色 #fca22b、浅红色 #ff6da3、浅紫色 #e689cd、青色 #50c9ec，如图 6-79 所示。

图 6-79

Step06 **添加斜面和浮雕图层样式。** 双击文字图层，在打开的【图层样式】对话框中，选中【斜面和浮雕】复选框，设置【样式】为内斜面，【方法】为平滑，【深度】为 72%，【方向】为上，【大小】为 8 像素，【软化】为 2 像素，【角度】为 120 度，【高度】为 30 度，【高光模式】

为滤色，【不透明度】为 47%，高光颜色为白色 #ffffff，【阴影模式】为正片叠底，【不透明度】为 37%，阴影颜色为泥色 #9e5454，如图 6-80 所示。

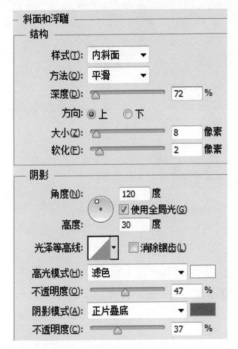

图 6-80

Step07 添加描边图层样式。在【图层样式】对话框中，选中【描边】复选框，设置【大小】为 5 像素，描边颜色为浅红色 #ffe4f2，效果如图 6-81 所示。

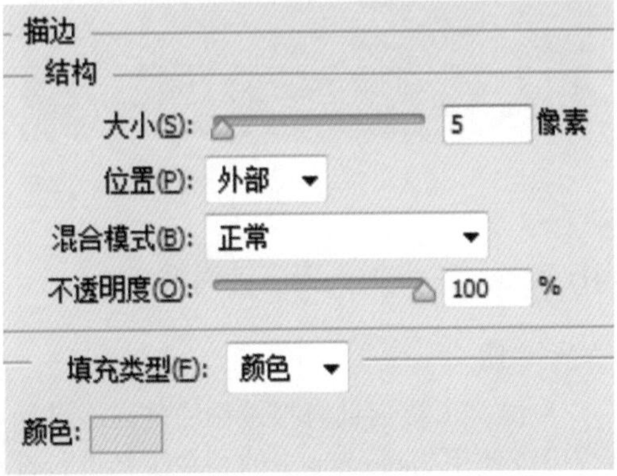

图 6-81

Step08 添加绿色文字。使用【横排文字工具】T 输入文字，设置字体为方正少儿简体，

字体大小为 60 点，颜色为绿色 #2caa03，如图 6-82 所示。

图 6-82

Step09 添加描边图层样式。在【图层样式】对话框中，选中【描边】复选框，设置【大小】为 3 像素，描边颜色为浅红色 #ffe4f2，如图 6-83 所示。最终效果如图 6-84 所示。

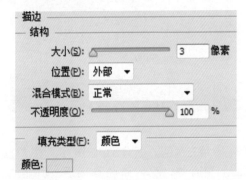

图 6-83

图 6-84

Step10 添加咬咬乐素材。打开"网盘\素材文件\第 6 章\咬咬乐 .tif"文件，将其拖动到当前文件中，如图 6-85 所示。

图 6-85

Step11 **绘制心形。** 选择【自定形状工具】 ，在选择栏的自定形状下拉列表框中，选择红心形状，绘制心形路径，如图 6-86 所示。

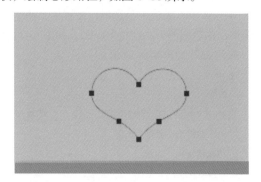

图 6-86

Step12 **填充颜色。** 新建红心图层，按【Ctrl+Enter】组合键，载入路径选区后，填充红色 #f9061d，如图 6-87 所示。

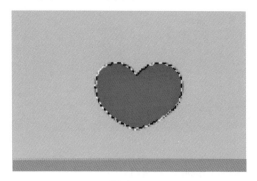

图 6-87

Step13 **变换选区并删除图像。** 执行【选择】→【变换选区】命令，缩小选区，按【Delete】键删

除图像，如图 6-88 所示。

图 6-88

专家点拨

　　按住【Alt+Shift】组合键，拖动变换点，可以当前中心为参考点，等比例放大、缩小或旋转选区。

Step14 **复制粘贴图层样式。** 复制母爱进行时文字图层样式，粘贴到心形图层中，效果如图 6-89 所示。

图 6-89

045 实战：冷酷类天猫店铺海报

※ **案例说明**

　　冷酷类天猫店铺海报遵循的是高冷设计风格，可以使用 Photoshop 中的相关工具进行设计制作。完成后的效果如图 6-90 所示。

图 6-90

图 6-93

※ 思路解析

冷酷类天猫店铺海报可以提升店铺的档次，符合人们追求高端产品的心理。本实例首先制作背景，其次制作店铺标语，最后添加人物模特效果，制作流程及思路如图 6-91 所示。

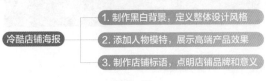

图 6-91

※ 步骤详解

Step01 新建文件。按【Ctrl+N】组合键，执行【新建】命令，设置【宽度】为 990 像素，【高度】为 413 像素，【分辨率】为 72 像素 / 英寸，单击【确定】按钮，如图 6-92 所示。

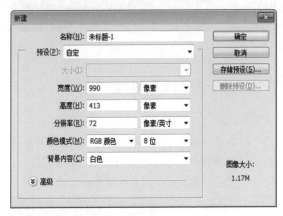

图 6-92

Step02 填充背景。设置前景色为黑色 #000000，按【Alt+Delete】组合键为背景填充黑色，如图 6-93 所示。

Step03 设置画笔。选择【画笔工具】 ，在选项栏的画笔选取器下拉面板中，设置【大小】为 700 像素，【硬度】为 0%，如图 6-94 所示。

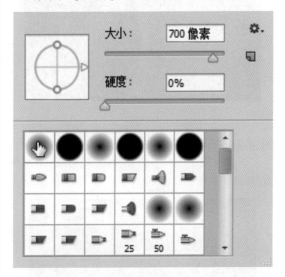

图 6-94

Step04 绘制白色高光。设置前景色为白色 #ffffff，在左侧单击并绘制高光，如图 6-95 所示。

图 6-95

Step05 添加毛衣模特素材。打开"网盘 \ 素材文件 \ 第 6 章 \ 毛衣模特 .tif"文件，将其拖动到当前文件中，如图 6-96 所示。

图 6-96

Step06 **添加字母。** 使用【横排文字工具】 T 输入字母，设置字体为 CountryBlueprint，字体大小为 127 点，颜色为黑色 #000000，如图 6-97 所示。

图 6-97

Step07 **添加文字。** 使用【横排文字工具】 T 输入文字，设置字体为方正正纤黑简体，字体大小为 48 点，颜色为黑色 #000000，如图 6-98 所示。

图 6-98

Step08 **继续添加文字。** 使用【横排文字工具】 T 输入文字，设置字体为汉仪大黑简，字体大小为 26 点，颜色为黑色 #000000，如图 6-99 所示。

图 6-99

Step09 **添加红色文字。** 使用【横排文字工具】 T 输入文字，设置字体为方正超粗黑简体，字体大小为 88 点，颜色为红色 #fe0032，如图 6-100 所示。

图 6-100

Step10 **继续添加红色文字。** 使用【横排文字工具】 T 输入文字，设置字体为创意简老宋，字体大小分别为 48 点和 30 点，如图 6-101 所示。

图 6-101

046 实战：时尚类天猫店铺海报

※ 案例说明

时尚类天猫店铺海报以潮流、时尚为设计风格，可以使用 Photoshop 中的相关工具进行设计制作。完成后的效果如图 6-102 所示。

图 6-102

※ 思路解析

　　时尚类天猫店铺海报定位时尚人士，他们也是网店的活跃购买群体。本实例首先制作背景，其次添加模特，最后制作装饰文字，制作流程及思路如图 6-103 所示。

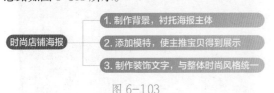

图 6-103

※ 步骤详解

Step01 **新建文件。** 按【Ctrl+N】组合键，执行【新建】命令，设置【宽度】为 990 像素，【高度】为 450 像素，【分辨率】为 72 像素/英寸，单击【确定】按钮，如图 6-104 所示。

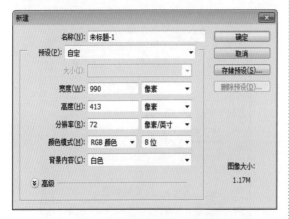

图 6-104

Step02 **制作背景。** 使用前面介绍的方法制作背景，效果如图 6-105 所示。

图 6-105

Step03 **添加女鞋模特素材。** 打开"网盘\素材文件\第 6 章\女鞋模特 .tif"文件，将其拖动到当前文件中，效果如图 6-106 所示。

图 6-106

Step04 **添加图层蒙版。** 为图层添加图层蒙版。使用黑色【画笔工具】 修改蒙版，如图 6-107 所示。

图 6-107

Step05 **添加字母。** 使用【横排文字工具】 输入字母，设置字母"F"字体为汉仪大宋简，剩余字母字体为 Impact，字体大小分别为 200

点和 150 点，颜色分别为黄色 #fff100 和洋红色 #ff1aa1，如图 6-108 所示。

图 6-108

Step06 添加绿色文字。使用【横排文字工具】T，输入文字，设置字体为粗标宋体，字体大小为 110 点，颜色为深绿色 #009572，如图 6-109 所示。

图 6-109

Step07 添加黄色文字。使用【横排文字工具】T，输入文字，设置字体为黑体，字体大小分别为 31 点和 24 点，颜色为黄色 #fff100，如图 6-110 所示。

图 6-110

Step08 创建自由选区。使用【套索工具】，创建自由选区，如图 6-111 所示。

图 6-111

Step09 栅格化图层。执行【图层】→【栅格化】→【文字】命令，栅格化文字图层。单击【锁定透明像素】按钮，锁定透明像素，如图 6-112 所示。

图 6-112

专家答疑

问：栅格化文字图层有什么作用？

答：创建文字时，是作为矢量格式存在的，只能进行文字属性的修改。栅格化图层后，可以使文字作为像素图像进行编辑。

Step10 填充选区。为选区填充黄色 #fff100，如图 6-113 所示。

图 6-113

Step11 **调整模特亮度。** 选择女鞋模特图层，执行【图像】→【调整】→【曲线】命令，调整曲线形状，如图 6-114 所示。通过前面的操作，提亮人物，最终效果如图 6-115 所示。

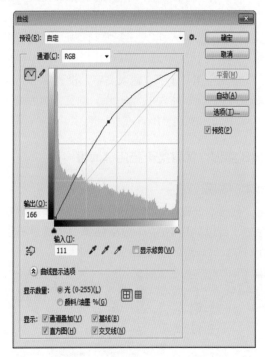

图 6-114

图 6-115

专家点拨

在【曲线】对话框中，向左上拖动鼠标，可以增加亮度，向右下拖动鼠标，可以降低亮度。

美工经验

首屏海报 / 轮播图的定义和分类

海报设计是视觉传达的表现形式之一，通过版面的构成在第一时间内将人们的目光吸引，并获得瞬间的刺激，这要求设计者要将图片、文字、色彩、空间等要素进行完美的结合，以恰当的形式向人们展示出宣传信息。海报可以吸引顾客进店，也可以表达店铺所要表达的各种信息。

设计首屏海报 / 轮播图时，有一些常用固定尺寸，下面分别进行介绍。

淘宝店铺海报图默认宽度为 950 像素，天猫店铺海报图默认宽度为 990 像素，高度建议在 600 像素以内，如图 6-116 所示。

图 6-116

全屏海报与普通海报最大的区别就在于尺寸宽度不同，宽度通常设置为 1920 像素，其设计方式与普通海报一致，如图 6-117 所示。

图 6-117

全屏轮播图通常为两幅或两幅以上的全屏海报进行滚动轮播，两幅海报的尺寸应保持统一，其设计方法与全屏海报一致，尺寸宽度为 1920 像素，高度建议在 600 像素以内。

6.2 同步实训

047 实训：展示类天猫店铺海报

※ 案例说明

展示类天猫店铺海报可以直观看到宝贝，并展示多款宝贝，可以使用 Photoshop 中的相关工具进行设计制作。完成后的效果如图 6-118 所示。

图 6-118

※ 思路解析

展示类天猫店铺海报将宝贝细节、款式、颜色等都一一进行展示，方便顾客进行选购。本实例首先添加宝贝，其次制作展示效果，最后添加说明文字和标语，制作流程及思路如图 6-119 所示。

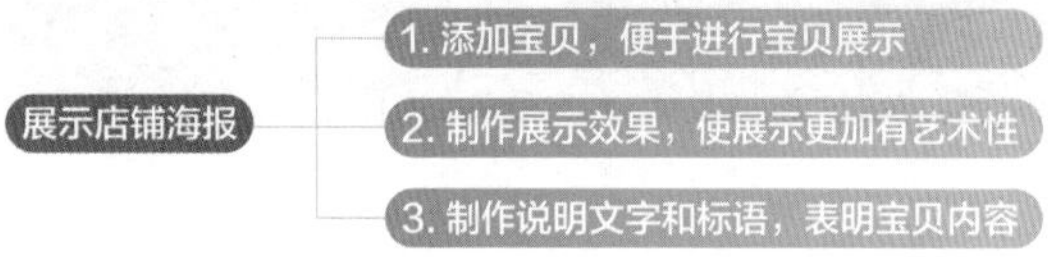

展示店铺海报
1. 添加宝贝，便于进行宝贝展示
2. 制作展示效果，使展示更加有艺术性
3. 制作说明文字和标语，表明宝贝内容

图 6-119

※ 关键步骤

关键步骤一：新建文件。按【Ctrl+N】组合键，执行【新建】命令，设置【宽度】为 990 像素，【高度】为 450 像素，【分辨率】为 72 像素 / 英寸，单击【确定】按钮。

关键步骤二：添加公主鞋素材。打开"网盘 \ 素材文件 \ 第 6 章 \ 公主鞋 .jpg"文件，将其拖动到当前文件中。选择【钢笔工具】，绘制自由路径。按【Ctrl+Enter】组合键，载入路径选区。

关键步骤三：添加图层蒙版。在【图层】面板中，单击【添加图层蒙版】按钮，为图层添加图层蒙版。

关键步骤四：添加文字。使用【横排文字工具】输入文字，设置字体为书体坊兰亭体，字体大小为 80 点，颜色为暗红色 # bd5960。使用【横排文字工具】输入字母，设置字体为文鼎特粗宋简，字体大小为 50 点，颜色为灰色 #786556。使用【横排文字工具】输入文字，设置字体为汉仪超粗黑简，字体大小为 50 点，颜色为暗红色 #bd5960。

关键步骤五：绘制红圆。使用【椭圆选框工具】创建圆形选区，填充暗红色 #a71a2d。

关键步骤六：添加其他文字。使用【横排文字工具】输入文字，设置字体为汉仪超粗黑简，字体大小为 50 点，颜色为白色 #ffffff。使用【横排文字工具】输入文字，设置字体为汉仪超粗黑简，字体大小为 50 点，颜色分别为暗红色 #a71a2d 和灰色 #786556。

048 实训：优雅类天猫店铺海报

※ 案例说明

优雅类天猫店铺海报使店铺整体富有一种知性美，可以使用 Photoshop 中的相关工具进行设计制作。完成后的效果如图 6-120 所示。

图 6-120

※ 思路解析

优雅类天猫店铺海报设计有韵味，使宝贝也更富有艺术感。本实例首先制作艺术底图，其次制作文字内容，最后添加展示模特，制作流程及思路如图 6-121 所示。

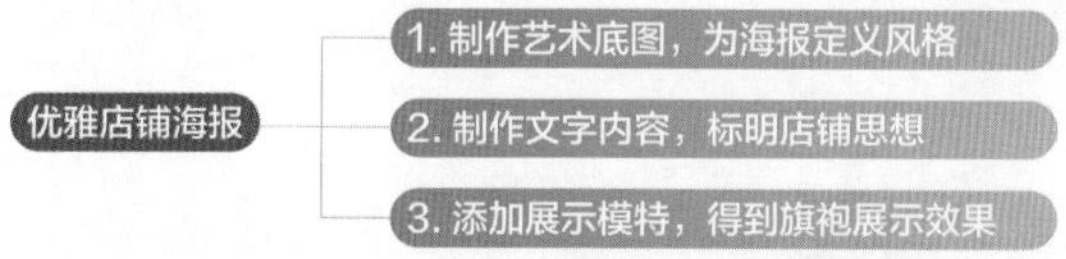

优雅店铺海报
- 1. 制作艺术底图，为海报定义风格
- 2. 制作文字内容，标明店铺思想
- 3. 添加展示模特，得到旗袍展示效果

图 6-121

※ 关键步骤

关键步骤一： 新建文件。按【Ctrl+N】组合键，执行【新建】命令，设置【宽度】为 990 像素，【高度】为 450 像素，【分辨率】为 72 像素 / 英寸，单击【确定】按钮。

关键步骤二： 添加灰底素材。打开"网盘 \ 素材文件 \ 第 6 章 \ 灰底 .jpg"文件，将其拖动到当前文件中。复制灰度素材，并调整位置。

关键步骤三： 添加图层蒙版。在【图层】面板中，单击【添加图层蒙版】按钮 ，为图层添加图层蒙版，使用黑色【画笔工具】 修改蒙版。

关键步骤四： 添加画素材。打开"网盘 \ 素材文件 \ 第 6 章 \ 画 .jpg"文件，将其拖动到当前文件中，并调整位置和大小。调整图层【混合模式】为正片叠底，更改图层【不透明度】为 20%。

关键步骤五： 添加树枝素材。打开"网盘 \ 素材文件 \ 第 6 章 \ 树枝 .tif"文件，将其拖动到当前文件中。

关键步骤六： 添加文字。使用【横排文字工具】 ，输入文字，设置字体为楷体，字体大小为 30 点，颜色为蓝色 #1b2e6c。使用【横排文字工具】 ，输入文字，设置字体为经典繁毛楷，字体大小为 60 点，颜色为蓝色 #1b2e6c。

关键步骤七： 添加素材。打开"网盘 \ 素材文件 \ 第 6 章 \ 旗袍 .tif"文件，将其拖动到当前文件中。

关键步骤八： 添加投影图层样式。双击图层，在打开的【图层样式】对话框中，选中【投影】复选框，设置【不透明度】为 36%，【角度】为 120 度，【距离】为 14 像素，【扩展】为 0%，【大小】为 24 像素，选中【使用全局光】复选框。

第 7 章
店铺收藏、公告栏、
客服区设计

本章导读　　店铺收藏便于顾客再次访问店铺；公告栏可以传递店铺信息；客服区便于顾客和掌柜进行沟通，它们都是店铺的重要组成部分，需要卖家用心经营。本章将学习使用 Photoshop 制作店铺收藏、公告栏和客服区的方法。希望读者掌握基本的操作方法，并学会创意设计，熟练应用。

知识要点

☆ 店铺开张公告　　　　　　　　☆ 店铺放假公告

☆ 活动公告　　　　　　　　　　☆ 抢购公告

☆ 收藏区　　　　　　　　　　　☆ 侧栏收藏区

☆ 新品上市收藏区　　　　　　　☆ 文字型客服区

☆ 图片型客服区　　　　　　　　☆ 简洁型客服区

☆ 悬浮客服区

案例展示

7.1 店铺收藏、公告栏、客服区设计实例

店铺收藏、公告栏和客服区都是店铺重要的功能板块。本节介绍一些店铺收藏、公告栏和客服区的设计实例。

049 实战：店铺开张公告

※ 案例说明

店铺开张时，通常须发公告告知顾客，可以使用 Photoshop 中的相关工具进行设计制作。完成后的效果如图 7-1 所示。

图 7-1

※ 思路解析

制作店铺开张公告时，通常需要从图像和文字两个方面吸引顾客。本实例首先制作炫彩背景，其次制作公告主题，最后添加开业促销文字，制作流程及思路如图 7-2 所示。

图 7-2

※ 步骤详解

Step01 新建文件。按【Ctrl+N】组合键，执行【新建】命令，设置宽度、高度和分辨率，单击【确定】按钮，如图 7-3 所示。

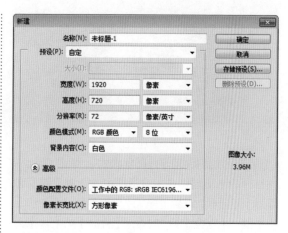

图 7-3

Step02 添加炫彩图像素材。打开"网盘\素材文件\第 7 章\炫彩图像.jpg"文件，将其拖动到当前文档中，如图 7-4 所示。最终效果如图 7-5 所示。

图 7-4

图 7-5

Step03 添加文字。使用【横排文字工具】输入文字，设置字体为汉仪大黑简和黑体，字体大小为分别为 169 点和 71 点，颜色为紫红色 # d40275，如图 7-6 所示。

图 7-6

Step04 添加斜面和浮雕图层样式。双击图层，在打开的【图层样式】对话框中，选中【斜面和浮雕】复选框，设置【样式】为内斜面，【方法】为平滑，【深度】为 337%，【方向】为上，【大小】为 8 像素，【软化】为 0 像素，【角度】为 120 度，【高度】为 30 度，【高光模式】为正常，【不透明度】为 100%，【阴影模式】为差值，【不透明度】为 75%，如图 7-7 所示。

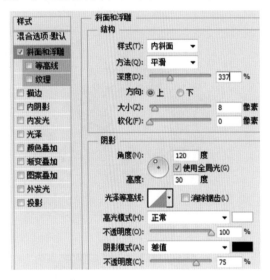

图 7-7

专家点拨

一般情况下，淘宝店铺公告栏图片默认宽度为 950 像素，全屏尺寸宽度为 1920 像素。

Step05 添加文字。使用【横排文字工具】 输入文字，设置字体为创意简老宋，字体大小"尊享"为 50 点、"5-8"为 90 点、"折"为 48 点，颜色为紫红色 #d40275，如图 7-8 所示。

图 7-8

专家答疑

问：为什么"尊享"和"折"字使用不同的字号？

答：人的眼睛有错视现象，有时候相同字号的文字看上去却大小不一。为了纠正这种现象，可以对字号进行细微调整。

Step06 继续添加文字。使用【横排文字工具】 输入文字，设置字体为创意简老宋，字体大小为 47 点，如图 7-9 所示。

图 7-9

Step07 创建矩形选区。使用【矩形选框工具】 创建选区，如图 7-10 所示。

图 7-10

Step08 选区描边。新建图层，执行【编辑】→【描边】命令，设置【宽度】为 2 像素，【颜色】为紫红色 #e70381，单击【确定】按钮，如图 7-11 所示。描边效果如图 7-12 所示。

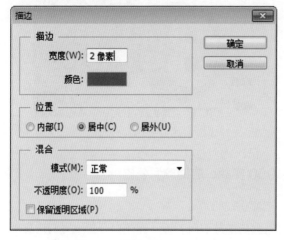

图 7-11

图 7-12

Step09 创建矩形选区。使用【矩形选框工具】创建选区，填充紫红色 #e70381，如图 7-13 所示。

图 7-13

Step10 添加投影图层样式。双击图层，在打开的【图层样式】对话框中，选中【投影】复选框，设置【不透明度】为 30%，【角度】为 120 度，【距离】为 5 像素，【扩展】为 0%，【大小】为 5 像素，选中【使用全局光】复选框，如图 7-14 所示。

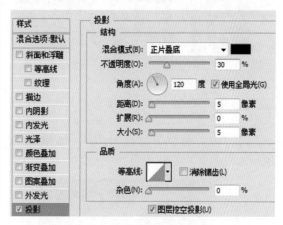

图 7-14

Step11 添加文字。使用【横排文字工具】输入文字，设置字体为锐字逼格青春粗黑体简，字体大小为 46 点，如图 7-15 所示。

图 7-15

Step12 添加文字。使用【横排文字工具】输入白色文字，设置字体为汉仪中圆简，字体大小为 30 点，颜色为白色 #ffffff，如图 7-16 所示。

图 7-16

Step13 绘制圆形。新建图层，使用【椭圆选框工具】⊙创建圆形选区，填充洋红色 #f804ae，如图 7-17 所示。

图 7-17

Step14 **添加文字。**使用【横排文字工具】T.输入数字，设置字体为 Swis721 Blk BT，字体大小为 128 点，颜色为白色 #ffffff，如图 7-18 所示。

图 7-18

Step15 **设置文字垂直缩放。**在【字符】面板中，设置【垂直缩放】为 120%，如图 7-19 所示。

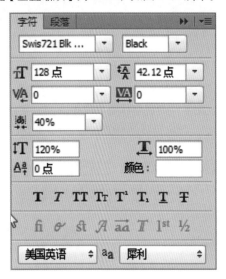

图 7-19

Step16 **添加文字。**使用【横排文字工具】T.输入文字，设置字体为汉仪中圆简，字体大小为 46 点，颜色为黄色 #fff100，如图 7-20 所示。

图 7-20

050 实战：店铺放假公告

※ 案例说明

　　店铺放假时，通常需要在公告中写明注意事项，避免产生购物纠纷，可以使用 Photoshop 中的相关工具进行设计制作。完成后的效果如图 7-21 所示。

图 7-21

※ 思路解析

　　放假公告内容要清晰，避免花哨，以免影响内容展示。本实例首先制作公告背景，其次制作公告文字，最后制作印章图像，制作流程及思路如图 7-22 所示。

图 7-22

※ 步骤详解

Step01 **新建文件。**按【Ctrl+N】组合键，执行

【新建】命令，设置宽度、高度和分辨率，单击
【确定】按钮，如图 7-23 所示。

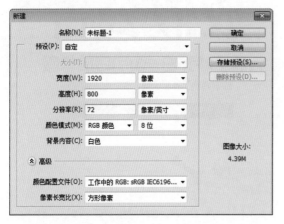

图 7-23

Step02 添加泼墨底素材。打开"网盘\素材文件\
第 7 章\泼墨底 .jpg"文件，将其拖动到当前文件
中，如图 7-24 所示。

图 7-24

Step03 添加彩云素材。打开"网盘\素材文件\
第 7 章\彩云 .jpg"文件，将其拖动到当前文件
中，如图 7-25 所示。

图 7-25

Step04 添加图层蒙版。在【图层】面板中，单
击【添加图层蒙版】按钮 ，为图层添加图层蒙
版，使用黑色【画笔工具】 修改蒙版，如图
7-26 所示。最终效果如图 7-27 所示。

图 7-26

图 7-27

Step05 复制图像。复制彩云图层，水平翻转图
像，并移动到右侧适当位置，效果如图 7-28 所示。

图 7-28

Step06 添加文字。使用【横排文字工具】 T.
输入文字，设置字体为创意简老宋，字体大小为
167 点，颜色为紫红色 #d40275，如图 7-29 所示。

图 7-29

Step07 **添加深红色文字。** 使用【横排文字工具】 T 输入文字，设置字体为方正粗圆简体，字体大小为 60 点，颜色为深红色 #bd131b，如图 7-30 所示。

图 7-30

Step08 **继续添加深红色文字。** 使用【横排文字工具】 T 输入文字，设置字体为汉仪中圆简，字体大小为 35 点，颜色为深红色 #bd131b，如图 7-31 所示。

图 7-31

Step09 **创建矩形选区。** 使用【矩形选框工具】 □ 创建两个矩形选区，填充深红色 #bd131b，如图 7-32 所示。

图 7-32

Step10 **添加浅黄色文字。** 使用【横排文字工具】 T 输入文字，设置字体为汉仪中等线简，字体大小为 37.5 点，颜色为浅黄色 #ffe18d，如图

7-33 所示。

图 7-33

专家点拨

中等线字体笔划粗细相同，阅读轻松，带给人典雅、端庄的视觉感受。

Step11 **添加深红色文字。** 使用【横排文字工具】 T 输入文字，设置字体为汉仪中隶书简，字体大小为 48 点，颜色为深红色 #bd131b，如图 7-34 所示。

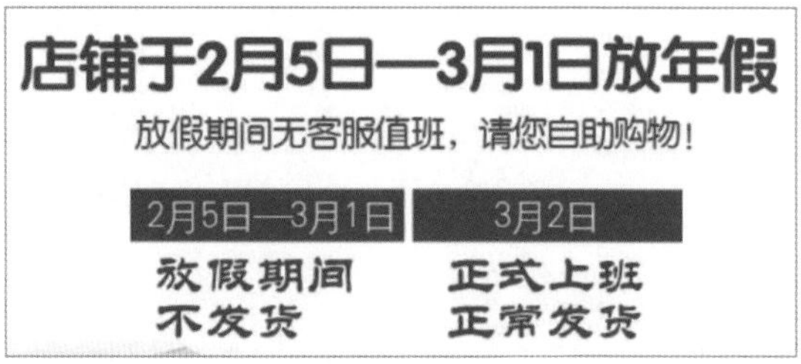

图 7-34

Step12 **居中对齐文字。** 选中文字后，在选项栏中，单击【居中对齐文本】按钮，居中对齐文字，如图 7-35 所示。最终效果如图 7-36 所示。

图 7-35

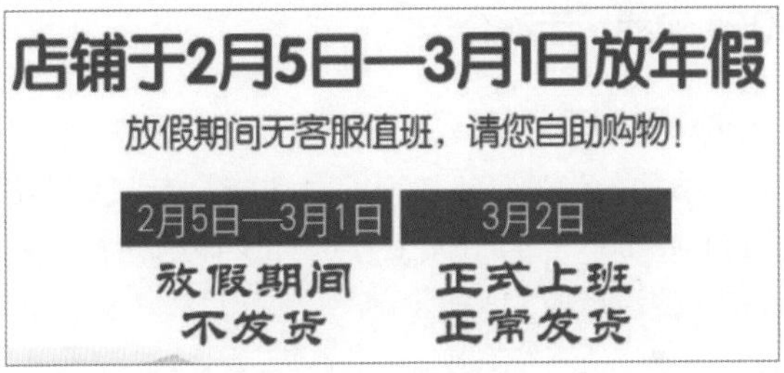

图 7-36

Step13 创建矩形选区。新建图层，使用【矩形选框工具】创建矩形选区，填充深红色 #bd131b，如图 7-37 所示。

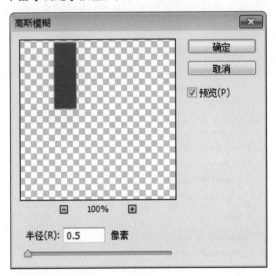

图 7-37

Step14 高斯模糊。执行【滤镜】→【模糊】→【高斯模糊】命令，设置【半径】为 0.5 像素，单击【确定】按钮，如图 7-38 所示。

图 7-38

Step15 打开画笔选取器。选择【画笔工具】，打开选项栏中的画笔选取器下拉面板，单击右上角的扩展按钮，如图 7-39 所示。

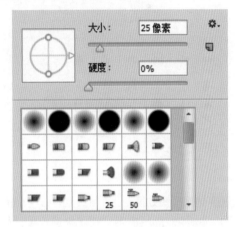

图 7-39

Step16 载入预设画笔。在打开的快捷菜单中，选择【湿介质画笔】选项，如图 7-40 所示。

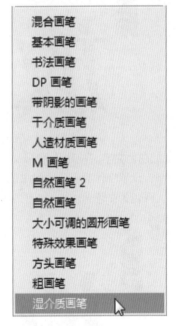

图 7-40

Step17 选择画笔。载入画笔后，选择【干毛巾画笔】选项，如图 7-41 所示。

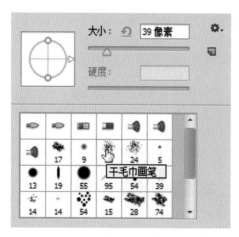

图 7-41

Step18 **创建印章效果。** 设置前景色为白色 #ffffff，在矩形周围绘制随机图案，创建印章效果，如图 7-42 所示。

图 7-42

Step19 **添加白色文字。** 使用【横排文字工具】[T] 输入文字，设置字体为汉仪中隶书简，字体大小为 21 点，颜色为白色 #ffffff，如图 7-43 所示。

图 7-43

051 实战：活动公告

※ **案例说明**

活动公告是宣传店铺的活动的公告，可以使用 Photoshop 中的相关工具进行设计制作。完成后的效果如图 7-44 所示。

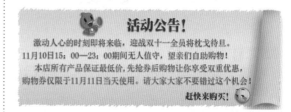

图 7-44

※ **思路解析**

活动公告文字要有一定的煽动性，鼓励顾客参与到活动中来。本实例首先制作卷角纸张效果，其次制作活动公告内容，最后调整色调，制作流程及思路如图 7-45 所示。

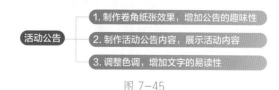

图 7-45

※ **步骤详解**

Step01 **新建文件。** 按【Ctrl+N】组合键，执行【新建】命令，设置宽度、高度和分辨率，单击【确定】按钮，如图 7-46 所示。

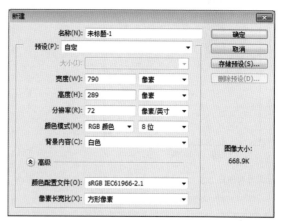

图 7-46

Step02 创建矩形选区。使用【矩形选框工具】创建选区，如图 7-47 所示。

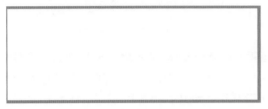

图 7-47

Step03 进入快速蒙版。按【Q】键，进入快速蒙版状态，如图 7-48 所示。

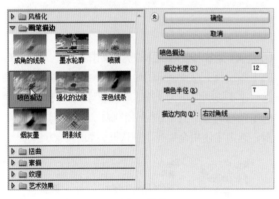

图 7-48

Step04 制作扭曲效果。执行【滤镜】→【滤镜库】→【喷色描边】命令，设置【描边长度】为12，【喷色半径】为7，单击【确定】按钮，如图 7-49 所示。最终效果如图 7-50 所示。

图 7-49

图 7-50

Step05 复制图层。按【Ctrl+J】组合键，复制当前图层，如图 7-51 所示。

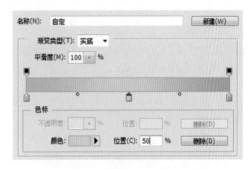

图 7-51

Step06 设置渐变色。选择【渐变工具】，设置渐变色标为土黄色 #dec59b、浅土黄色 #eee0c8、土黄色 #d2b180，如图 7-52 所示。

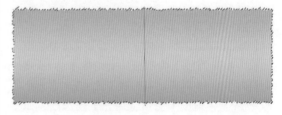

图 7-52

Step07 填充渐变色。从上往下拖动鼠标填充渐变色，如图 7-53 所示。

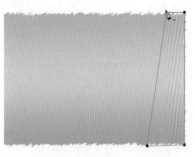

图 7-53

Step08 绘制路径。使用【钢笔工具】绘制路径，如图 7-54 所示。

图 7-54

Step09 **填充颜色**。新建图层，按【Ctrl+Enter】组合键，载入路径选区后，填充浅泥色 #f0e1c9，如图 7-55 所示。

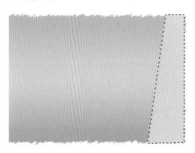

图 7-55

Step10 **绘制阴影**。设置前景色为深泥色 #c09658，使用【画笔工具】 绘制阴影，如图 7-56 所示。

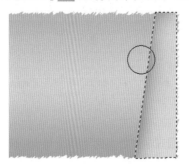

图 7-56

Step11 **添加投影图层样式**。双击图层，在打开的【图层样式】对话框中，选中【投影】复选框，设置【不透明度】为 75%，【角度】为 60 度，【距离】为 18 像素，【扩展】为 0%，【大小】为 29 像素，选中【使用全局光】复选框，如图 7-57 所示。

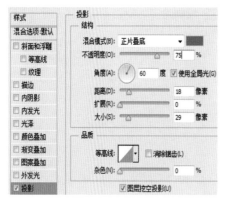

图 7-57

Step12 **图像变形**。执行【编辑】→【变换】→【变形】命令，拖动节点，对图像进行变形操作，如图 7-58 所示。

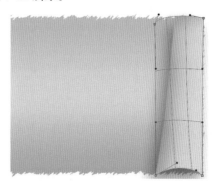

图 7-58

Step13 **添加卡通人物素材**。打开"网盘 \ 素材文件 \ 第 7 章 \ 卡通人物 .tif"文件，将其拖动到当前文件中，如图 7-59 所示。

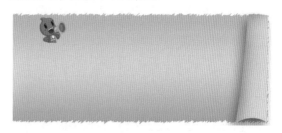

图 7-59

Step14 **添加投影图层样式**。双击图层，在打开的【图层样式】对话框中，选中【投影】复选框，设置【不透明度】为 45%，【角度】为 60 度，【距离】为 4 像素，【扩展】为 0%，【大小】为 4 像素，选中【使用全局光】复选框，如图 7-60 所示。

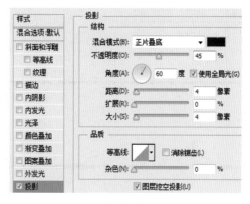

图 7-60

Step15 添加文字。使用【横排文字工具】T 输入文字，设置字体为文鼎特粗宋简，字体大小为 40 点，颜色为泥土色 #6f2e2e，如图 7-61 所示。

活动公告!

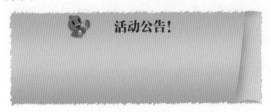

图 7-61

Step16 添加文字。使用【横排文字工具】T 输入文字，设置字体为宋体，字体大小为 24 点，颜色为泥土色 #6f2e2e，如图 7-62 所示。在【字符】面板中，设置【行距】为 36 点，如图 7-63 所示。

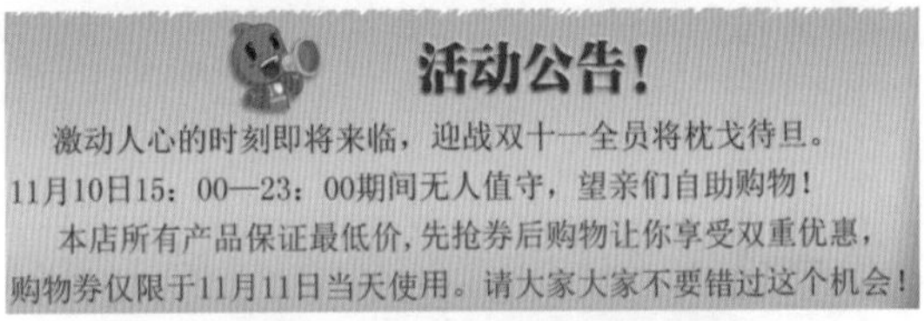

活动公告!
激动人心的时刻即将来临，迎战双十一全员将枕戈待旦。
11月10日15：00—23：00期间无人值守，望亲们自助购物!
本店所有产品保证最低价，先抢券后购物让你享受双重优惠，
购物券仅限于11月11日当天使用。请大家大家不要错过这个机会!

图 7-62

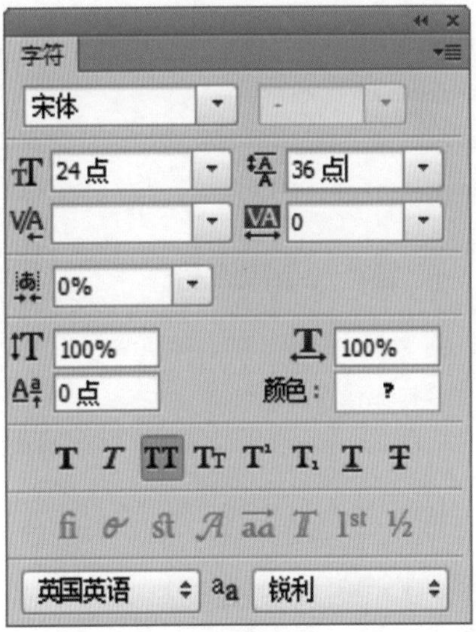

字符
宋体
24点
36点
0
0%
100%
100%
0点
颜色：
英国英语
锐利

图 7-63

Step17 添加斜面和浮雕图层样式。双击图层，在打开的【图层样式】对话框中，选中【斜面和浮雕】复选框，设置【样式】为外斜面，【方法】为平滑，【深度】为 100%，【方向】为上，【大小】为 3 像素，【软化】为 0 像素，【角度】为 60 度，【高度】为 30 度，【高光模式】为滤色，【不透明度】为 69%，【阴影模式】为正片叠底，【不透明度】为 50%，如图 7-64 所示。

样式
混合选项:默认
斜面和浮雕
等高线
纹理
描边
内阴影
内发光
光泽
颜色叠加
渐变叠加
图案叠加
外发光
投影
斜面和浮雕
结构
样式(T): 外斜面
方法(Q): 平滑
深度(D): 100 %
方向: 上 下
大小(Z): 3 像素
软化(F): 0 像素
阴影
角度(N): 60 度
使用全局光(G)
高度: 30 度
光泽等高线:
消除锯齿(L)
高光模式(H): 滤色
不透明度(O): 69 %
阴影模式(A): 正片叠底
不透明度(C): 50 %

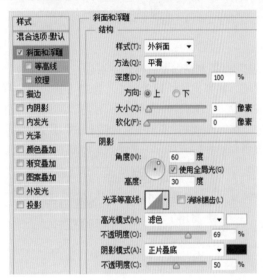

图 7-64

Step18 添加文字。使用【横排文字工具】T 输入右下方文字，设置字体为文鼎特粗宋简，字体大小为 24 点，颜色为泥土色 #6f2e2e，如图 7-65 所示。

活动公告!
激动人心的时刻即将来临，迎战双十一全员将枕戈待旦。
11月10日15：00—23：00期间无人值守，望亲们自助购物!
本店所有产品保证最低价，先抢券后购物让你享受双重优惠，
购物券仅限于11月11日当天使用。请大家大家不要错过这个机会!
赶快来购买!

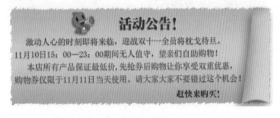

图 7-65

Step19 添加笑脸符素材。打开“网盘\素材文件\第 7 章\笑脸符 .tif”文件，将其拖动到当前文件中，如图 7-66 所示。

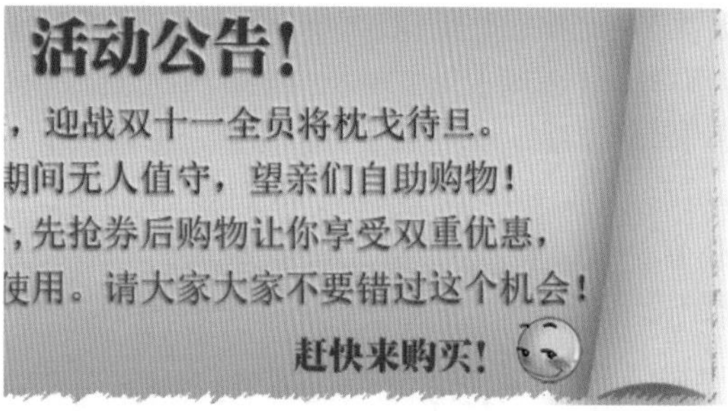

图 7-66

Step20 复制粘贴图层样式。右击"卡通人物"图层，在弹出的快捷菜单中，选择【拷贝图层样式】命令，如图 7-67 所示。右击"笑脸符"图层，在弹出的快捷菜单中，选择【粘贴图层样式】命令，如图 7-68 所示。最终效果如图 7-69 所示。

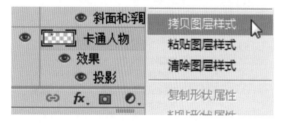

图 6-67

图 7-68

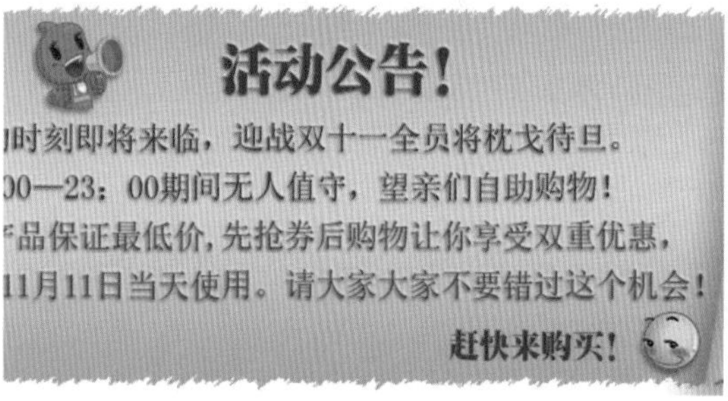

图 7-69

 **专家点拨**

为多个图层应用相同的图层样式时，通过【拷贝图层样式】和【粘贴图层样式】命令，可以避免重复操作，提高工作效率。

Step21 调亮底色。选择背景图层，按【Ctrl+M】组合键，执行【曲线】命令，向左上方拖动曲线，如图 7-70 所示。通过前面的操作，调亮背景图层，效果如图 7-71 所示。

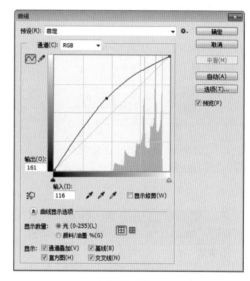

图 7-70

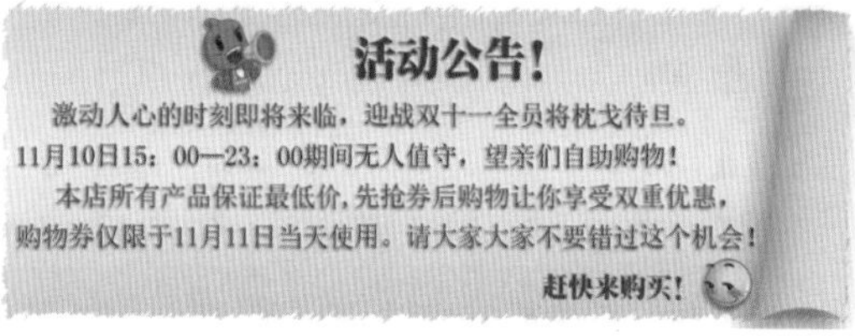

图 7-71

 **专家答疑**

问：调亮背景图层有什么作用？

答：调亮背景图层后，可以增大背景与文字之间的对比度，使文字阅读更加清晰。

052 实战：抢购公告

※ 案例说明

抢购公告是用来公布店铺中抢购宝贝方式的一种通知形式，可以使用 Photoshop 中的相关工具进行设计制作。完成后的效果如图 7-72 所示。

图 7-72

※ 思路解析

抢购公告文字表达要简单，避免歧意。本实例首先制作线条背景，其次制作标题文字，最后添加抢购文字，制作流程及思路如图 7-73 所示。

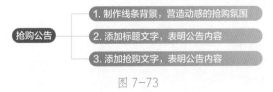

图 7-73

※ 步骤详解

Step01 **新建文件。** 按【Ctrl+N】组合键，执行【新建】命令，设置【宽度】为 790 像素，【高度】为 299 像素，【分辨率】为 72 像素 / 英寸，单击【确定】按钮，如图 7-74 所示。

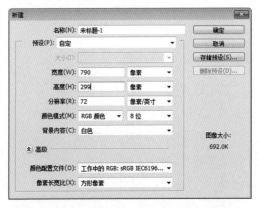

图 7-74

Step02 **填充背景。** 为背景填充深红色 #e01e46，如图 7-75 所示。

图 7-75

Step03 **添加杂色。** 复制图层，命名为杂色，执行【滤镜】→【杂色】→【添加杂色】命令，设置【数量】为 10%，单击【确定】按钮，如图 7-76 所示。

图 7-76

Step04 **动感模糊。** 执行【滤镜】→【模糊】→【动感模糊】命令，设置【角度】为 60 度，【距离】为 2000 像素，单击【确定】按钮，如图 7-77 所示。

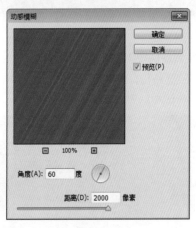

图 7-77

Step05 创建黄块。新建图层，使用【钢笔工具】 绘制路径，载入选区后填充黄色 #ffd800，如图 7-78 所示。

图 7-78

Step06 创建橘块。新建图层，使用【钢笔工具】 绘制路径，载入选区后填充橘色 # ffc001，如图 7-79 所示。

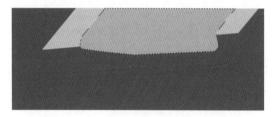

图 7-79

Step07 创建红块。新建图层，使用【钢笔工具】 绘制路径，载入选区后填充红色 #d1485c，如图 7-80 所示。

图 7-80

Step08 创建橘块2。新建图层，使用【钢笔工具】 绘制路径，载入选区后填充橘色 #ffa800，如图 7-81 所示。

图 7-81

Step09 创建橘块3。新建图层，使用【钢笔工具】 绘制路径，载入选区后填充橘色 #ffc001，如图 7-82 所示。

图 7-82

Step10 创建橘块4。新建图层，使用【钢笔工具】 绘制路径，载入选区后填充橘色 #ffc001，如图 7-83 所示。

图 7-83

Step11 创建其他自由形状。新建图层，使用相同的方法创建其他自由形状，效果如图 7-84 所示。

图 7-84

专家答疑

　问：创建自由形状的规则是什么？

　答：创建自由形状时，看似杂乱，其实是有一定的规则的。布局形状块的时候，重心要平衡，主块和辅块之间相辅相成，使图案饱和但不拥挤。

Step12 创建黄底。新建图层，使用【钢笔工具】 ✏️ 绘制路径，载入选区后填充黄色 #ffd800，如图 7-85 所示。

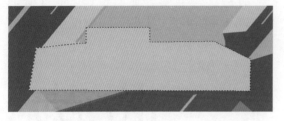

图 7-85

Step13 添加投影图层样式。双击图层，在打开的【图层样式】对话框中，选中【投影】复选框，设置【不透明度】为 75%，【角度】为 120 度，【距离】为 5 像素，【扩展】为 0%，【大小】为 5 像素，选中【使用全局光】复选框，如图 7-86 所示。通过前面的操作，得到投影效果如图 7-87 所示。

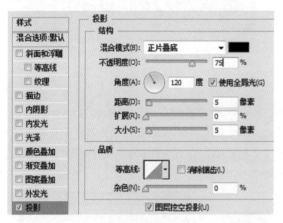

图 7-86

图 7-87

Step14 添加文字。使用【横排文字工具】 T. 输入文字，设置字体为方正超粗黑简体，字体大小为 90 点，颜色为白色 #ffffff，如图 7-88 所示。

图 7-88

Step15 添加描边图层样式。双击文字图层，在【图层样式】对话框中，选中【描边】复选框，设置【大小】为 8 像素，描边颜色为深红色 #d6294c，如图 7-89 所示。效果如图 7-90 所示。

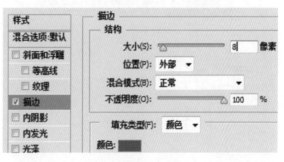

图 7-89

图 7-90

Step16 添加段落文字。使用【横排文字工具】 T. 创建段落文字，设置字体为方正兰亭大黑，字体大小为 26 点，颜色为深红色 #d6294c，如图 7-91 所示。在【字符】面板中，设置行距为 36 点，字距为 21，如图 7-92 所示。

图 7-91

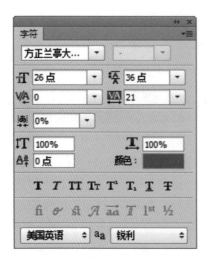

图 7-92

专家点拨

在点文本中，不需要选中行，即可设置行距。

在段落文本中，只有选中行，才能设置行距。

Step17 设置段落对齐方式。在选项栏中，单击【居中对齐文本】按钮▤，如图 7-93 所示。按【Ctrl+Enter】组合键，确认文字编辑，效果如图 7-94 所示。

图 7-93

图 7-94

053 实战：收藏区

※ 案例说明

收藏区是非常重要的板块，可以使用 Photoshop 中的相关工具进行设计制作。完成后的效果如图 7-95 所示。

图 7-95

※ 思路解析

顾客收藏店铺，可以增加再次来访的可能性。本实例首先制作渐变背景，其次制作收藏文字，最后添加官方合作标识，制作流程及思路如图 7-96 所示。

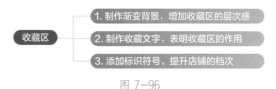

图 7-96

※ 步骤详解

Step01 新建文件。按【Ctrl+N】组合键，执行【新建】命令，设置【宽度】为 750 像素，【高度】为 842 像素，【分辨率】为 72 像素 / 英寸，单击【确定】按钮，如图 7-97 所示。

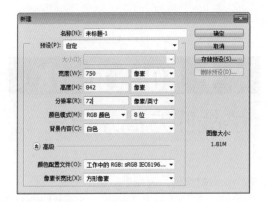

图 7-97

Step02 设置渐变。设置前景色为浅灰色 # f1f1f1，背景色为灰色 #cccccc，选择【渐变工具】，在选项栏中，选择前景色到背景色渐变选项，单击【径向渐变】按钮，如图 7-98 所示。

图 7-98

Step03 填充渐变色。从右上往左下拖动鼠标，填充渐变色，如图 7-99 所示。

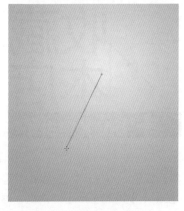

图 7-99

Step04 绘制线条。新建图层，设置前景色为黑色 #000000，选择【直线工具】，在选项栏中，选择【像素】选项，【粗细】为 7 像素，拖动鼠标绘制线条，如图 7-100 所示。继续绘制线条，效果如图 7-101 所示。

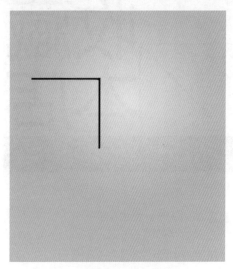

图 7-100

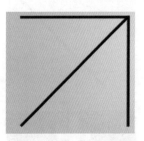

图 7-101

Step05 添加文字。使用【横排文字工具】输入文字，设置字体为微软雅黑，字体大小为 215 点，颜色为黑色 #000000，如图 7-102 所示。

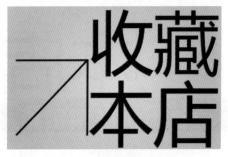

图 7-102

Step06 **创建矩形选区。**新建图层，使用【矩形选框工具】 创建选区，填充黑色 #000000，如图 7-103 所示。

图 7-103

Step07 **添加加号。**使用【横排文字工具】 输入加号，设置字体为 Impact，字体大小为 200 点，颜色为白色 #ffffff，如图 7-104 所示。

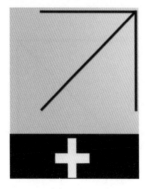

图 7-104

Step08 **添加字母。**使用【横排文字工具】 输入字母，设置字体为 Impact，字体大小为 100 点，颜色为黄色 #ffe479，如图 7-105 所示。

图 7-105

Step09 **添加文字。**使用【横排文字工具】

输入文字，设置字体为微软雅黑，字体大小为 75 点，颜色为黑色 #000000，如图 7-106 所示。

图 7-106

Step10 **绘制路径。**选择【多边形工具】 ，在选项栏中，设置【边数】为 3，拖动鼠标绘制路径，如图 7-107 所示。

图 7-107

Step11 **填充黄色。**按【Ctrl+Enter】组合键，载入路径选区后，填充黄色 #fada5d，如图 7-108 所示。

图 7-108

Step12 **填充红色。**确保选区工具处于选中状态时，分别按【↑】键和【←】键两次，移动选区位置后，填充红色 #e11d3b，如图 7-109 所示。

图 7-109

`Step13` **添加文字。**使用【横排文字工具】 $\boxed{T}$ 输入文字，设置字体为粗标宋体，字体大小为 45 点，颜色为白色 #ffffff，如图 7-110 所示。

图 7-110

`Step14` **旋转移动文字。**按【Ctrl+T】组合键，执行自由变换操作，旋转文字，并移动到左侧适当位置，如图 7-111 所示。

图 7-111

专家点拨

　　添加承诺、保证类的图标，可以增加顾客对宝贝的信任度。

054 实战：侧栏收藏区

※ 案例说明

　　收藏区还可以位于店铺侧栏位置，可以使用 Photoshop 中的相关工具进行设计制作。完成后的效果如图 7-112 所示。

图 7-112

※ 思路解析

　　侧栏收藏区常设计为长条型，便于顾客收藏店铺。本实例首先制作红色背景，其次制作心形符号和文字，最后制作收藏按钮，制作流程及思路如图 7-113 所示。

图 7-113

※ 步骤详解

`Step01` **新建文件。**按【Ctrl+N】组合键，执行【新建】命令，设置【宽度】为 190 像素，【高度】为 368 像素，【分辨率】为 72 像素 / 英寸，单击【确定】按钮，如图 7-114 所示。

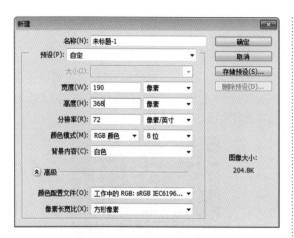

图 7-114

Step02 填充背景。 为背景填充红色 #ff2b15，如图 7-115 所示。

图 7-115

Step03 绘制心形。 选择【自定形状工具】，在选择栏的自定形状下拉列表框中，选择红心形状，绘制心形路径，如图 7-116 所示。

图 7-116

Step04 调整路径形状。 调整路径形状，调整过程如图 7-117 所示。

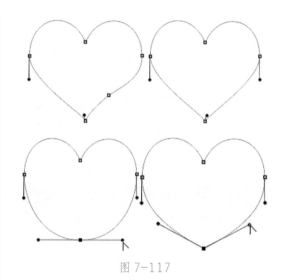

图 7-117

Step05 调整路径形状。 调整路径形状，调整过程如图 7-118 所示。

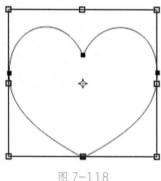

图 7-118

Step06 调整路径大小。 按【Ctrl+C】组合键复制路径，按【Ctrl+V】组合键粘贴路径，按【Ctrl+T】组合键，进入变换状态。在选项栏中，单击【保持长宽比】按钮，设置宽度和高度均为 80%，如图 7-119 所示。

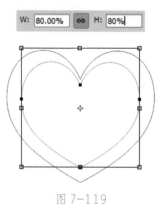

图 7-119

Step07 选中路径。使用【路径选择工具】选中两条路径，如图 7-120 所示。

图 7-120

Step08 合并路径。在选项栏中，单击【路径操作】按钮，选择【排除重叠形状】选项，如图 7-121 所示。

图 7-121

Step09 填充颜色。新建图层，按【Ctrl+Enter】组合键，载入路径选区后，填充白色 #ffffff，如图 7-122 所示。

图 7-122

Step10 添加文字。使用【横排文字工具】

输入文字，设置字体为方正兰亭大黑，字体大小分别为 33 点和 23 点，颜色为白色 #ffffff，如图 7-123 所示。

图 7-123

Step11 添加投影图层样式。双击文字图层，在打开的【图层样式】对话框中，选中【投影】复选框，设置【不透明度】为 49%，【角度】为 90 度，【距离】为 5 像素，【扩展】为 1%，【大小】为 6 像素，如图 7-124 所示。最终效果如图 7-125 所示。

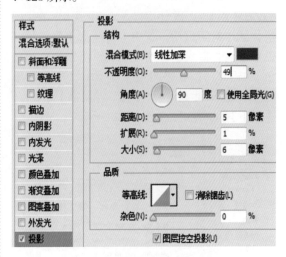

图 7-124

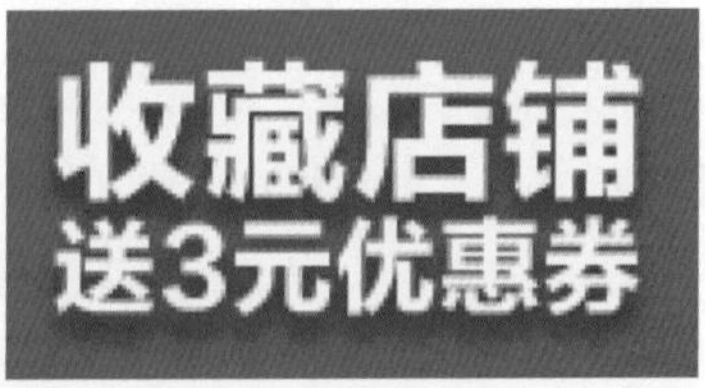

图 7-125

Step12 添加文字。使用【横排文字工具】输入文字，设置字体为汉仪中等线简，字体大小为 17 点，颜色为白色 #ffffff，如图 7-126 所示。

图 7-126

Step13 绘制圆角矩形。设置前景色为白色，选择【圆角矩形工具】，在选项栏中，选择【形状】复选框，设置【半径】为 20 像素，拖动鼠标绘制形状，如图 7-127 所示。

图 7-127

Step14 添加内阴影图层样式。双击图层，在【图层样式】对话框中，选中【内阴影】复选框，设置【混合模式】为正片叠底，阴影颜色为蓝色 #0184dc，【不透明度】为 27%，【角度】为 -90 度，【距离】为 5 像素，【阻塞】为 0%，【大小】为 5 像素，如图 7-128 所示。

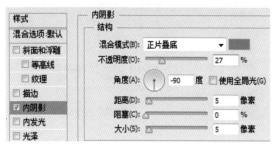

图 7-128

Step15 添加投影图层样式。双击文字图层，在打开的【图层样式】对话框中，选中【投影】复选框，设置【不透明度】为 49%，【角度】为 90 度，【距离】为 5 像素，【扩展】为 1%，【大小】为 6 像素，如图 7-129 所示。最终效果如图 7-130 所示。

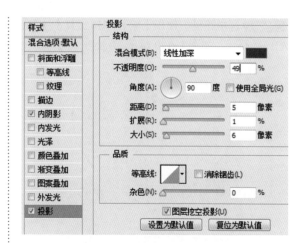

图 7-129

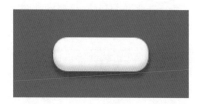

图 7-130

Step16 添加文字。使用【横排文字工具】，输入文字，设置字体为汉仪粗圆简，字体大小为 20 点，颜色为红色 #ff2b15，如图 7-131 所示。

图 7-131

专家点拨

通过圆角矩形工具制作的按钮边缘圆滑，和粗圆体相配，得到和谐的视觉效果。

055 实战：新品上市收藏区

店铺上新时，可以制作新品收藏区，方便顾客收藏新品，可以使用 Photoshop 中的相关工具进行设计制作。完成后的效果如图 7-132 所示。

图 7-132

※ 思路解析

　　新品收藏区可以增加新品的曝光率，便于将宝贝快速推向市场。本实例首先添加人物背景，其次制作文字背景，最后添加文字内容，制作流程及思路如图 7-133 所示。

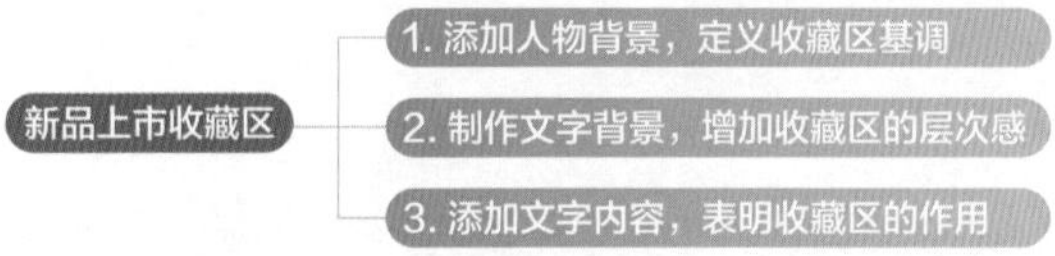

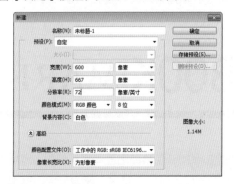

图 7-133

※ 步骤详解

Step01 新建文件。按【Ctrl+N】组合键，执行【新建】命令，设置【宽度】为 600 像素，【高度】为 667 像素，【分辨率】为 72 像素 / 英寸，单击【确定】按钮，如图 7-134 所示。

图 7-134

Step02 添加人物素材。打开"网盘 \ 素材文件 \

第 7 章 \ 人物 .jpg"文件，将其拖动到当前文件中，如图 7-135 所示。

图 7-135

Step03 绘制绿圆。新建图层，使用【椭圆选框工具】创建圆形选区，填充绿色 #c9f518，效果如图 7-136 所示。

图 7-136

专家点拨

　　画面遮住人物大部分面部，可以增加新品的神秘感，对顾客有一探究竟的心理暗示作用。

Step04 调整图层不透明度。更改图层【不透明度】为 65%，如图 7-137 所示。最终效果如图 7-138 所示。

图 7-137

图 7-138

Step05 **绘制白圆。** 新建图层，使用【椭圆选框工具】○，创建圆形选区，填充白色 #ffffff，效果如图 7-139 所示。

图 7-139

Step06 **添加字母。** 使用【横排文字工具】T 输入字母，设置字体为黑体，字体大小为 76 点，颜色为黑色 #000000，如图 7-140 所示。

图 7-140

Step07 **继续添加字母。** 使用【横排文字工具】T 输入字母，设置字体为 Charlemagne Std，字体大小为 51 点，颜色为黑色 #000000，如图 7-141 所示。

图 7-141

Step08 **创建黑条。** 新建图层，使用【矩形选框工具】▢ 创建选区，填充黑色 #000000，如图 7-142 所示。

BOOK MARK

图 7-142

Step09 **添加颜色叠加图层样式。** 使用【横排文字工具】T 输入文字，设置字体为文鼎特粗宋简，字体大小为 90 点，颜色为深沉色，如图 7-143 所示。

图 7-143

Step10 添加字母。使用【横排文字工具】 T 输入字母，设置字体为文鼎特粗宋简，字体大小为 37 点，颜色为黑色 #000000，如图 7-144 所示。

图 7-144

Step11 绘制三角形。新建图层，选择【多边形工具】 ⬡ ，在选项栏中，选择【像素】复选框，设置【边】为 3 像素，拖动鼠标绘制图像，如图 7-145 所示。

图 7-145

Step12 创建直线。新建图层，选择【直线工具】 ╱ ，在选项栏中，选择【像素】选项，【粗细】为 4 像素，拖动鼠标绘制线条，如图 7-146 所示。

图 7-146

Step13 创建黑块。新建图层，使用【矩形选框工具】 ▢ 创建选区，填充黑色 #000000，如图 7-147 所示。

图 7-147

Step14 添加文字。使用【横排文字工具】 T 输入文字，设置字体为黑体，字体大小为 47 点，颜色为黄色 #ffff00，如图 7-148 所示。

图 7-148

专家点拨

绿色与黑、白色搭配，能给人一种协调、美观、大方的感觉。但是，绿色与红、黄、蓝搭配会显得俗气。

056 实战：文字型客服区

※ 案例说明

文字型客服区以文字为主，图片为辅，可以使用 Photoshop 中的相关工具进行设计制作。完成后的效果如图 7-149 所示。

图 7-149

※ 思路解析

　　文字型客服区可以列出客服具体负责的宝贝类别，便于快速交流。本实例首先制作客服区框架，其次添加客服分类，最后添加工作时间文字，制作流程及思路如图 7-150 所示。

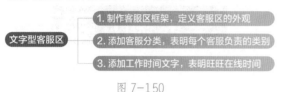

图 7-150

※ 步骤详解

Step01 **新建文件。** 按【Ctrl+N】组合键，执行【新建】命令，设置【宽度】为 188 像素，【高度】为 368 像素，【分辨率】为 72 像素 / 英寸，单击【确定】按钮，如图 7-151 所示。

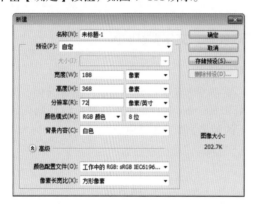

图 7-151

Step02 **填充背景。** 设置前景色为浅黄色 #fff9de，按【Alt+Delete】组合键填充背景，如图 7-152 所示。

图 7-152

Step03 **创建黄底。** 新建图层，使用【矩形选框工具】，创建选区，填充黄色 #ffc40b，如图 7-153 所示。

图 7-153

Step04 **创建白底。** 新建图层，使用【矩形选框工具】，创建选区，填充白色 #ffffff，如图 7-154 所示。

图 7-154

Step05 **创建直线。** 设置前景色为黄色 # ffc40b，选择【直线工具】，在选项栏中，选择【像素】选项，【粗细】为 1 像素，拖动鼠标绘制线条，如图 7-155 所示。

图 7-155

Step06 **创建直线。** 设置前景色为黄色 # ffc40b，选择【直线工具】 ，在选项栏中，选择【像素】选项，【粗细】为 1 像素，拖动鼠标绘制线条，如图 7–156 所示。

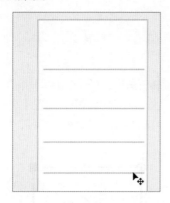

图 7–156

　　按住【Shift+Alt】组合键，可以垂直向下拖动复制图像。

Step07 **添加字母。** 使用【横排文字工具】 ，输入字母，设置字体为 Times New Roman，字体大小为 15 点，颜色为黑色 #000000，如图 7–157 所示。

图 7–157

Step08 **添加文字。** 使用【横排文字工具】 ，输入文字，设置字体为微软雅黑，字体大小为 15 点，颜色为黑色 #000000，如图 7–158 所示。

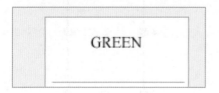

图 7–158

Step09 **添加旺旺素材。** 打开"网盘 \ 素材文件 \

第 7 章 \ 旺旺 .tif"文件，将其拖动到当前文件中，如图 7–159 所示。

图 7–159

Step10 **添加文字。** 使用【横排文字工具】 输入文字，设置字体为宋体，字体大小为 16 点，颜色为黑色 #000000，如图 7–160 所示。

图 7–160

Step11 **创建其他内容。** 使用相同的方法，创建其他内容，效果如图 7–161 所示。

图 7–161

Step12 **创建黄条。** 新建图层，使用【矩形选框工具】 创建选区，填充黄色 #ffc40b，如图 7–162 所示。

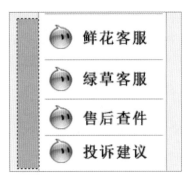

图 7-162

Step13 透视变换。执行【编辑】→【变换】→【透视】命令，拖动右上角的控制点，透视变换图像，如图 7-163 所示。

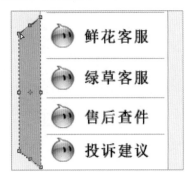

图 7-163

Step14 添加文字。使用【横排文字工具】 T ，输入文字，设置字体为微软雅黑，字体大小为 14 点，颜色为白色 #ffffff，如图 7-164 所示。

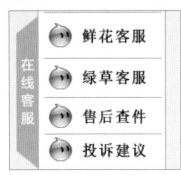

图 7-164

Step15 绘制三角形。选择【多边形工具】 ，在选项栏中，选择【路径】复选框，设置【边】为 3 像素，拖动鼠标绘制路径，如图 7-165 所示。

图 7-165

Step16 旋转三角形。按【Ctrl+T】组合键，执行自由变换操作，在选项栏中，设置【旋转】为 90 度，如图 7-166 所示。拖动缩小路径，如图 7-167 所示。

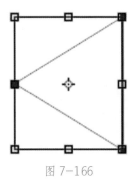

图 7-166

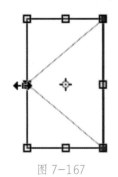

图 7-167

Step17 绘制矩形。选择【矩形工具】 ，拖动鼠标绘制矩形路径，如图 7-168 所示。

图 7-168

Step18 绘制圆角矩形。选择【圆角矩形工具】

■，在选项栏中，设置【半径】为 20 像素，拖动鼠标绘制形状，如图 7-169 所示。

图 7-169

Step19 **创建黄条2**。在选项栏中单击【路径操作】按钮，选择【合并形状】选项。新建图层，按【Ctrl+Enter】组合键，载入路径选区后，填充黄色 #ffc40b，如图 7-170 所示。

图 7-170

Step20 **添加投影图层样式**。双击图层，在打开的【图层样式】对话框中，选中【投影】复选框，设置【不透明度】为 16%，【角度】为 120 度，【距离】为 5 像素，【扩展】为 0%，【大小】为 5 像素，选中【使用全局光】复选框，如图 7-171 所示。最终效果如图 7-172 所示。

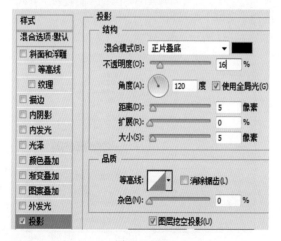

图 7-171

图 7-172

Step21 **添加文字**。使用【横排文字工具】T，输入文字，设置字体为宋体，字体大小为 15 点，颜色为白色 #ffffff，如图 7-173 所示。

图 7-173

Step22 **选择电话形状**。选择【自定形状工具】🗛，在选择栏的自定形状下拉列表框中，选择电话 2 形状，如图 7-174 所示。

图 7-174

Step23 **绘制电话**。新建图层，载入路径选区后，填充黄色 #ffc40b，如图 7-175 所示。

图 7-175

Step24 **添加文字**。使用【横排文字工具】T，输入文字，设置字体为微软雅黑，字体大小为 12 点，颜色为黑色 #000000，效果如图 7-176 所示。

图 7-176

057 实战：图片型客服区

※ 案例说明

图片型客服区以图片为主，文字为辅，可以使用 Photoshop 中的相关工具进行设计制作。完成后的效果如图 7-177 所示。

图 7-177

※ 思路解析

图片型客服区可以添加可爱的图片，带给顾客亲切的沟通体验。本实例首先制作花边背景，其次添加卡通人物图片，最后制作文字内容，制作流程及思路如图 7-178 所示。

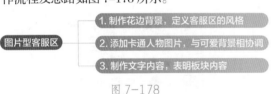

图 7-178

※ 步骤详解

Step01 **新建文件。**按【Ctrl+N】组合键，执行【新建】命令，设置【宽度】为 1212 像素，【高度】为 250 像素，【分辨率】为 72 像素 / 英寸，单击【确定】按钮，如图 7-179 所示。

图 7-179

Step02 **全选图像。**按【Ctrl+A】组合键全选图像，如图 7-180 所示。

图 7-180

Step03 **创建边界选区。**执行【选择】→【修改】→【边界】命令，设置【宽度】为 20 像素，单击【确定】按钮，如图 7-181 所示。最终效果如图 7-182 所示。

图 7-181

图 7-182

Step04 **进入快速蒙版状态。**按【Q】键，进入快速蒙版状态，如图 7-183 所示。

图 7-183

Step05 **创建波浪效果。**执行【滤镜】→【扭曲】→【波浪】命令，设置【生成器数】为 1，【波长】最小为 10、最大为 120，【波幅】最小为 5、最大为 35，水平和垂直【比例】均为 100%，选择【类型】为三角形，【未定义区域】为折回，如图 7-184 所示。最终效果如图 7-185 所示。

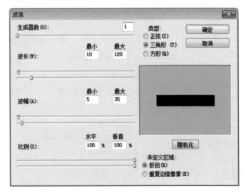

图 7-184

图 7-185

Step06 **退出快速蒙版状态。**再次按【Q】键，退出快速蒙版状态，如图 7-186 所示。

图 7-186

Step07 **创建花边。**新建图层，填充浅红色 #fb8f8c，如图 7-187 所示。

图 7-187

Step08 **添加文字。**使用【横排文字工具】 T，输入文字，设置字体为微软雅黑，字体大小为 24 点，颜色为深红色 #ca0308，如图 7-188 所示。

图 7-188

Step09 **打开素材。**打开"网盘\素材文件\第 7 章\卡通客服 .tif"文件，如图 7-189 所示。

图 7-189

Step10 **拖动卡通客服素材。**将其中一个客服拖动到当前文件中，如图 7-190 所示。

图 7-190

Step11 **绘制圆角矩形。**设置前景色为深红色 #ca0308，新建图层，选择【圆角矩形工具】 ，在选项栏中，选择【像素】复选框，设置【半径】为 5 像素，拖动鼠标绘制图像，如图 7-191 所示。

图 7-191

Step12 **添加旺旺素材。**打开"网盘\素材文件\第 7 章\旺旺 .tif"文件，将其拖动到当前文件中，如图 7-192 所示。

图 7-192

Step13 添加文字。使用【横排文字工具】 T.
输入文字，设置字体为微软雅黑，字体大小为 12
点，颜色为白色 #ffffff，如图 7-193 所示。

图 7-193

Step14 复制内容。复制内容，移动到右侧适当
位置，并更改文字，添加卡通客服，效果如图
7-194 所示。

图 7-194

Step15 继续复制内容。继续复制内容，移动到
右侧适当位置，并更改文字，添加卡通客服，效
果如图 7-195 所示。

图 7-195

Step16 设置直线。选择【直线工具】 ，在选
项栏中，选择【形状】复选框，设置【填充】颜
色为无，【描边】为深红色 #ca0308，线条样式
为虚线，【粗细】为 1 像素，如图 7-196 所示。

图 7-196

Step17 绘制直线。拖动鼠标绘制直线，效果如
图 7-197 所示。

图 7-197

Step18 复制直线。按住【Alt】键，拖动鼠标绘
制直线，如图 7-198 所示。

图 7-198

Step19 添加文字。使用【横排文字工具】 T.输
入文字，设置字体为黑体，字体大小为 50 点，颜
色为粉红色 #fb8f8c，如图 7-199 所示。

图 7-199

Step20 **创建红块。** 新建图层，使用【矩形选框工具】 创建选区，填充深红色 #ca0308，如图 7-200 所示。

图 7-200

Step21 **添加白色文字。** 使用【横排文字工具】 输入白色文字，设置字体为微软雅黑，字体大小分别为 18 点和 14 点，颜色为白色 #ffffff，如图 7-201 所示。

图 7-201

Step22 **添加浅红色文字。** 使用【横排文字工具】 输入文字，设置字体为方正粗圆简体，字体大小为 48 点，颜色为浅红色 # fb8f8c，如图 7-202 所示。

图 7-202

Step23 **复制文字。** 按住【Alt】键，向下方拖动复制文字，如图 7-203 所示。

图 7-203

Step24 **翻转文字。** 执行【编辑】→【变换】→【垂直翻转】命令，垂直翻转图像，如图 7-204 所示。

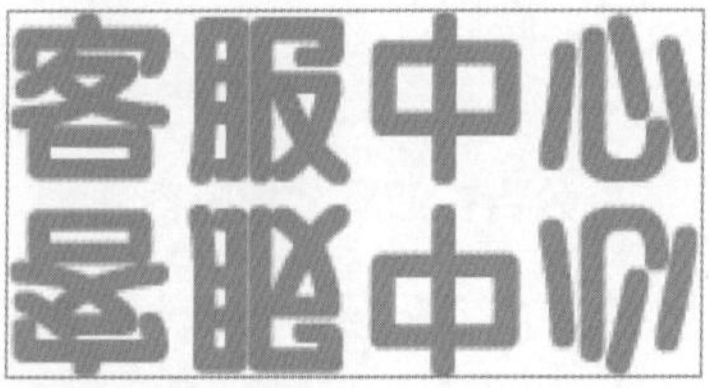

图 7-204

Step25 **添加图层蒙版。** 为文字图层添加图层蒙版。使用黑白【渐变工具】 修改蒙版，如图 7-205 所示。

图 7-205

图 7-205（续）

专家点拨

淘宝普通店铺大部分板块都有固定的尺寸，有些板块也可以自定义尺寸，或者编写代码进行尺寸修改、制作悬浮板块等。

淘宝更新速度很快，店铺尺寸不是一成不变的，在进行设计工作时，要随时掌握最新的栏目尺寸标准。

美工经验

公告栏的尺寸和内容

店铺公告没有具体的大小限制，可根据各店铺版本默认装修尺寸进行设计。店铺可根据具体情况设计公告内容。其具体设计方法与店招类似，首先在 Photoshop 软件中创建适当尺寸的文档，然后进行背景设计填充，最后添加文字和图片，保存上传即可。

淘宝店铺公告是顾客了解淘宝店铺的窗口，那么写好淘宝店铺公告就很关键，因为淘宝店铺公告的区域空间有限，所以，文字一定要言简意赅，最好能一针见血，吸引顾客第一眼。

公告栏的内容丰富，包括最近几天的促销活动，如买就送、半价、包邮等各种优惠的字眼是很吸引消费者眼球的。还要记得在公告栏里标注好更多的联系方式，方便顾客与店家取得联系，咨询相关信息。

淘宝店铺公告栏的内容最好要详略分明，把握好简单和复杂的程度，切忌言多赘述，否则会

让顾客产生不耐烦的心理。同时还要写出自己店铺的优势与亮点，要能够吸引顾客注意力，使之过目不忘，从而在潜意识里就把它们记住了。店铺公告栏中可以写一些关于店铺的介绍或是店铺的经营理念等，如图 7-206 所示。

图 7-206

7.2 同步实训

通过前面内容的学习，相信读者已熟悉了在 Photoshop 中如何进行店铺收藏、公告栏和客服区设计的专业技能。为了巩固所学内容，下面安排两个同步实训，读者可以结合思路解析自己动手强化练习。

058 实训：简洁型客服区

※ **案例说明**

客服区是顾客对宝贝有疑问时，与掌柜沟通的桥梁，可以使用 Photoshop 中的相关工具进行设计制作。完成后的效果如图 7-207 所示。

图 7-207

※ **思路解析**

简洁型客服区视觉清爽，便于顾客快速找到沟通途径。本实例首先制作渐变背景，其次制作旺旺交流区，最后制作收藏区，制作流程及思路如图 7-208 所示。

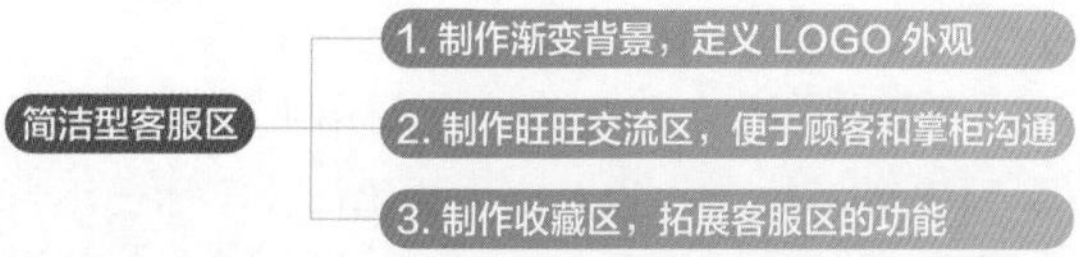

简洁型客服区
1. 制作渐变背景，定义 LOGO 外观
2. 制作旺旺交流区，便于顾客和掌柜沟通
3. 制作收藏区，拓展客服区的功能
图 7-208

※ 关键步骤

关键步骤一：新建文件。按【Ctrl+N】组合键，执行【新建】命令，设置宽度、高度和分辨率，单击【确定】按钮。

关键步骤二：填充背景。设置前景色为白色 #ffffff，背景色为灰色 #686868。选择【渐变工具】，从上往下拖动鼠标，填充渐变色。

关键步骤三：添加旺旺素材。打开“网盘 \ 素材文件 \ 第 7 章 \ 旺旺 .tif”文件，将其拖动到当前文件中。

关键步骤四：添加文字。使用【横排文字工具】输入文字，设置字体为黑体，字体大小分别为 19 点和 12 点，颜色分别为深灰色 #666666 和浅灰色 #bbbbbb。

关键步骤五：继续添加图标和文字。继续添加旺旺图标和文字，设置字体为汉仪大黑简，字体大小为 25 点，颜色为深灰色 #747474。

关键步骤六：创建白底。新建图层，使用【矩形选框工具】创建选区，填充白色 #ffffff。

关键步骤七：添加文字。使用【横排文字工具】输入文字，设置字体为汉仪大黑和黑体，字体大小分别为 43 点、19 点和 10 点，颜色分别为深灰色 #747474、红色 #e20000 和黑色 #000000。

关键步骤八：绘制线条。选择【直线工具】，在选项栏中，选择【形状】复选框，设置【填充】颜色为无，【描边】为灰色 #686868，描边样式为虚线，【粗细】为 1 像素，拖动鼠标绘制线条。

059 实训：悬浮客服区

悬浮客服区是悬浮在页面的区域，可以使用 Photoshop 中的相关工具进行设计制作。完成后的效果如图 7-209 所示。

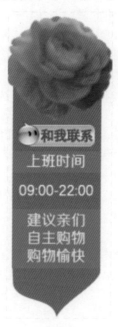

和我联系
上班时间
09:00-22:00
建议亲们
自主购物
购物愉快
图 7-209

※ 思路解析

悬浮客服区可以跟随画面进行移动，增加顾客与掌柜沟通的便利性。本实例首先制作客服区花形轮廓，其次制作文字背景，最后添加文字，制作流程及思路如图 7-210 所示。

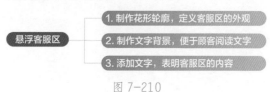

悬浮客服区
1. 制作花形轮廓，定义客服区的外观
2. 制作文字背景，便于顾客阅读文字
3. 添加文字，表明客服区的内容
图 7-210

※ 关键步骤

关键步骤一：新建文件。按【Ctrl+N】组合键，执行【新建】命令，设置【宽度】为 116 像素，【高度】为 328 像素，【分辨率】为 72 像素 / 英寸，单击【确定】按钮。

关键步骤二：绘制路径。使用【钢笔工具】绘制路径。新建图层，按【Ctrl+Enter】组合键，载入路径选区后，填充深红色 #ec4e5f。

关键步骤三：添加花朵素材。打开“网盘 \ 素材文件 \ 第 7 章 \ 花朵 .jpg”文件，使用【快速选

择工具】[□]选中花朵，将花朵拖动到当前文件中，调整大小和位置。执行【滤镜】→【画笔描边】→【强化的边缘】命令，设置【边缘宽度】为 2，【边缘亮度】为 38，【平滑度】为 5。

关键步骤四：绘制圆角矩形路径。选择【圆角矩形工具】[□]，在选项栏中，选择【路径】复选框，设置【半径】为 5 像素，拖动鼠标绘制路径。新建图层，载入选区后，填充任意颜色。

关键步骤五：添加渐变叠加图层样式。双击图层，在【图层样式】对话框中，选中【渐变叠加】复选框，设置【不透明度】为 50%，渐变色为橙—黄—橙，【角度】为 90 度，【缩放】为100%。

关键步骤六：添加描边图层样式。在【图层样式】对话框中，选中【描边】复选框，设置【大小】为 1 像素，描边颜色为黄色 #fff100。

关键步骤七：添加文字。使用【横排文字工具】[T]输入文字，设置字体为黑体，字体大小为15 点，颜色为深红色 #d5370d。在【字符】面板中，设置字距为 –50。

关键步骤八：添加旺旺素材。打开"网盘 \ 素材文件 \ 第 7 章 \ 旺旺 .tif"文件，将其拖动到当前文件中。

关键步骤九：创建矩形选区。使用【矩形选框工具】[□]创建选区，填充略浅的红色 # fe5a6c。

关键步骤十：添加文字。使用【横排文字工具】[T]输入文字，设置字体为方正正纤黑简体，字体大小为 16 点，颜色为白色 #ffffff。

第 8 章
宝贝陈列设计

本章导读　　陈列是商品橱窗展示的精髓所在，对于网店销售同样重要。当打开淘宝、天猫等购物网站时，热销区、爆款区、人气推荐区等都能很明显地映入人们眼中，它们都属于宝贝的陈列范围。本章将学习宝贝陈列的设计方法，希望读者掌握基本的操作方法，并学会创意设计，熟练应用。

知识要点

☆ 热销爆款区　　　　　　　　　　☆ 实物展示区
☆ 虚拟产品展示区　　　　　　　　☆ 人气推荐区
☆ 店铺热销区　　　　　　　　　　☆ 另类展示区

案例展示

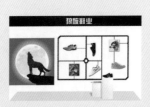

8.1 宝贝陈列设计实例

陈列宝贝时，整体设计风格要统一，辅助元素要简洁，注意突出宝贝。其次介绍一些宝贝陈列设计实例。

060 实战：热销爆款区

※ 案例说明

热销爆款是展示店铺爆款产品的区域，可以使用 Photoshop 中的相关工具进行设计制作，完成后的效果如图 8-1 所示。

图 8-1

※ 思路解析

爆款区除了用文字进行说明外，还可以添加各种标识符号。本实例首先制作背景，其次制作标题，最后制作宝贝分类，制作流程及思路如图 8-2 所示。

图 8-2

※ 步骤详解

Step01 **新建文件。** 按【Ctrl+N】组合键，执行【新建】命令，在打开的【新建】对话框中设置宽度、高度和分辨率，单击【确定】按钮，如图

8-3 所示。

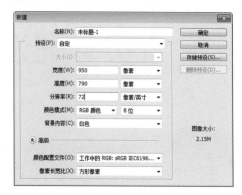

图 8-3

Step02 **填充背景。** 设置前景色为深红色 #d4003a，按【Alt+Delete】组合键，填充前景色，如图 8-4 所示。

图 8-4

Step03 **绘制圆角矩形。** 新建图层，选择【圆角矩形工具】，在选项栏中，选择【像素】复选框，设置【半径】为 5 像素，拖动鼠标绘制图像，如图 8-5 所示。

图 8-5

Step04 **更改图层不透明度。** 更改图层【不透明度】为90%，如图 8-6 所示，效果如图 8-7 所示。

图 8-6

图 8-7

Step05 **创建选区。** 使用【多边形套索工具】，创建选区，如图 8-8 所示。

图 8-8

Step06 **创建左黄条。** 新建图层，设置前景色为深红色 #d4003a，背景色为黄色 #fff88e，选择【渐变工具】，在选项栏中，选择前景色到背景色渐变，如图 8-9 所示。从左到右拖动鼠标填充渐变色，如图 8-10 所示。

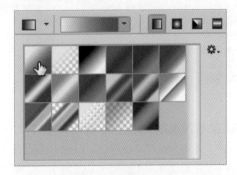

图 8-9

图 8-10

Step07 **复制黄条。** 复制左黄条，移动到右侧适当位置，并水平翻转图像，效果如图 8-11 所示。

图 8-11

Step08 **添加文字。** 使用【横排文字工具】输入文字，设置字体为汉仪菱心体简，字体大小为46 点，颜色为黄色 #f9e156，如图 8-12 所示。

图 8-12

Step09 **添加渐变叠加图层样式。** 双击图层，在【图层样式】对话框中，选中【渐变叠加】复选框，设置【样式】为线性，【角度】为90 度，【缩放】为100%，渐变色标为黄色 #f9e364、浅

黄色 #fdeb9e，如图 8-13 所示。

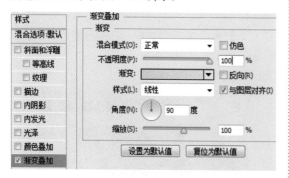

图 8-13

Step10 添加投影图层样式。在【图层样式】对话框中，选中【投影】复选框，设置【不透明度】为 75%，【角度】为 120 度，【距离】为 2 像素，【扩展】为 0%，【大小】为 0 像素，选中【使用全局光】复选框，如图 8-14 所示。

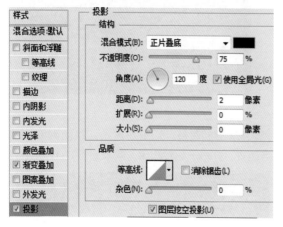

图 8-14

Step11 绘制路径。选择【椭圆工具】，拖动鼠标绘制路径，如图 8-15 所示。

图 8-15

Step12 调整路径形状。使用路径调整工具调整路径形状，如图 8-16 所示。

图 8-16

Step13 创建圆。新建图层，按【Ctrl+Enter】组合键，载入路径选区，填充黄色 #fbea95，如图 8-17 所示。

图 8-17

Step14 添加字母。使用【横排文字工具】输入字母，设置字体为 Impact，字体大小为 25 点，颜色为深红色 #d5003b，如图 8-18 所示。

图 8-18

Step15 创建矩形选区。新建图层，使用【矩形选框工具】创建选区，填充白色 #ffffff，如图 8-19 所示。

图 8-19

Step16 复制图像。按住【Alt】键，拖动鼠标复制图像，如图 8-20 所示。选中上方的 3 个白底，继续向下拖动复制图像，如图 8-21 所示。

图 8-20

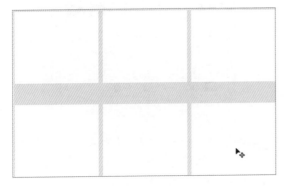

图 8-21

专家点拨

　　按住【Alt+Shift】组合键拖动图像，可以水平或垂直复制图像。

Step17 添加粉被素材。打开"网盘\素材文件\第 8 章\粉被 .jpg"文件，将其拖动到当前文件中，如图 8-22 所示。

图 8-22

Step18 调整图层顺序。移动粉被到左上圆所在图层上方，如图 8-23 所示。

图 8-23

Step19 创建剪贴蒙版。执行【图层】→【创建剪贴蒙版】命令，创建剪贴蒙版，如图 8-24 所示。

图 8-24

Step20 添加其他图像。打开"网盘\素材文件\第 8 章\绿被 .jpg、红被 .jpg、灰被 .jpg、黄被 .jpg、蓝被 .jpg"文件，拖动到当前文件中，调整图层顺序后，创建剪贴蒙版，【图层】面板如图 8-25 所示，效果如图 8-26 所示。

图 8-25

图 8-26

Step21 **添加文字。**使用【横排文字工具】 T，输入文字，设置字体为微软雅黑，字体大小为 14 点，颜色为深红色 #69011e，如图 8-27 所示。

图 8-27

Step22 **添加黑色文字。**使用【横排文字工具】 T，输入文字，设置字体为微软雅黑，字体大小为 11 点，颜色为黑色 #000000，如图 8-28 所示。在【字符】面板中，单击【删除线】按钮，如图 8-29 所示。

超柔澳绒磨毛四件套
~~原价 888~~

图 8-28

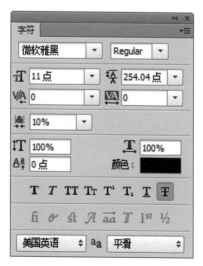

图 8-29

Step23 **继续添加文字。**使用【横排文字工具】 T，输入文字，设置字体为微软雅黑，字体大小为 17 点，颜色为黑色 #000000，如图 8-30 所示。

超柔澳绒磨毛四件套
~~原价 888~~
抢购价

图 8-30

Step24 **添加数字。**使用【横排文字工具】 T，输入数字，设置字体为黑体，字体大小为 35 点，颜色为深红色 #d4003a，如图 8-31 所示。

超柔澳绒磨毛四件套
~~原价 888~~
抢购价 **188**

图 8-31

Step25 **添加投影图层样式。**双击图层，在打开的【图层样式】对话框中，选中【投影】复选框，设置【不透明度】为 75%，【角度】为 120 度，【距离】为 2 像素，【扩展】为 0%，【大小】为 0 像素，选中【使用全局光】复选框，如图 8-32 所示。

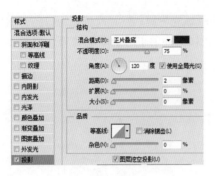

图 8-32

Step26 绘制圆角矩形。选择【圆角矩形工具】 ，在选项栏中，选择【形状】选项，设置填充为黄色 #f7f393，描边颜色为深红色 #ca0308，描边宽度为 1 点，设置【半径】为 5 像素，拖动鼠标绘制形状，如图 8-33 所示。

超柔澳绒磨毛四件套
~~原价 888~~
抢购价 188

图 8-33

Step27 添加文字。使用【横排文字工具】 输入文字，设置字体为汉仪粗圆简，字体大小为 16 点，颜色为深红色 #d4003a，如图 8-34 所示。

超柔澳绒磨毛四件套
~~原价 888~~
抢购价 188 **单击抢购**

图 8-34

Step28 绘制线条。选择【直线工具】 ，在选项栏中，选择【形状】选项，描边颜色为深红色 #ca0308，描边宽度为 2 点，描边项为点状，如图 8-35 所示。拖动鼠标绘制线条形状，如图 8-36 所示。

图 8-35

图 8-36

Step29 复制文字。复制其他文字，调整位置和内容，效果如图 8-37 所示。

图 8-37

专家答疑

问：需要复制的内容太多，操作不方便怎么办？

答：内容太多时，可以将要复制的内容都放入图层组中，将图层组作为一个整体进行操作（复制、移动等）。

061 实战：实物展示区

※ 案例说明

实物展示区是进行实物展示的区域，可以使用 Photoshop 中的相关工具进行设计制作，完成后的效果如图 8-38 所示。

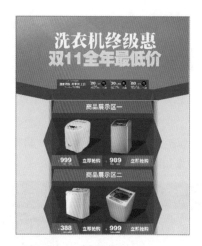

图 8-38

※ 思路解析

　　实物展示区可以创建场景，模拟商场实物展示效果。本实例首先制作展示区标题，其次制作优惠券区域，最后制作展示区，制作流程及思路如图 8-39 所示。

图 8-39

※ 步骤详解

Step01 **新建文件**。按【Ctrl+N】组合键，执行【新建】命令，在打开的【新建】对话框中设置宽度、高度和分辨率，单击【确定】按钮，如图8-40 所示。

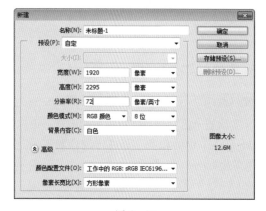

图 8-40

Step02 **填充背景**。设置前景色为黄色 # fff100，按【Alt+Delete】组合键填充背景，如图 8-41 所示。

图 8-41

Step03 **添加黑底素材**。打开"网盘 \ 素材文件 \ 第 8 章 \ 黑底 .jpg"文件，将其拖动到当前文件中，如图 8-42 所示。

图 8-42

Step04 **添加橙底素材**。打开"网盘 \ 素材文件 \ 第 8 章 \ 橙底 .jpg"文件，将其拖动到当前文件中，如图 8-43 所示。

图 8-43

Step05 混合图层。调整图层混合模式为【线性减淡（添加）】，如图 8-44 所示，效果如图 8-45 所示。

图 8-44

图 8-45

Step06 创建矩形选区。新建图层，使用【矩形选框工具】创建选区，填充深红色 #e05e10，如图 8-46 所示。

图 8-46

Step07 混合图层。调整图层混合模式为【强光】，如图 8-47 所示，效果如图 8-48 所示。

图 8-47

图 8-48

Step08 创建黄底。新建图层，使用【矩形选框工具】创建选区，填充黄色 #fff100，如图 8-49 所示。

图 8-49

Step09 创建中红条。新建图层，使用【矩形选框工具】创建选区，填充深红色＃c51d1d，如图 8-50 所示。

图 8-50

Step10 创建左红条。新建图层，使用【矩形选框工具】创建选区，填充深红色＃c51d1d，如图 8-51 所示。

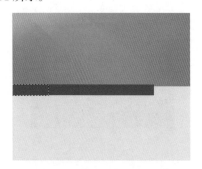

图 8-51

Step11 斜切变换图像。执行【编辑】→【变换】→【斜切】命令，拖动左中部的节点变换图像，如图 8-52 所示。

图 8-52

Step12 创建右红条。使用相同的方法创建右红条，效果如图 8-53 所示。

图 8-53

Step13 添加白色文字。使用【横排文字工具】输入文字，设置字体为粗标宋体，字体大小为 200 点，颜色为白色 #ffffff，如图 8-54 所示。

图 8-54

Step14 添加黄色文字。使用【横排文字工具】输入文字，设置字体为方正超粗黑简体，字体大小为 180 点，颜色为黄色 ＃fff100，如图 8-55 所示。

图 8-55

Step15 创建深红底。新建图层，使用【渐变工具】填充渐变色（#d4003b，#bf0438），如图 8-56 所示。

图 8-56

Step16 添加文字。使用【横排文字工具】输入文字，设置字体为微软雅黑和汉仪大黑简，字体大小为 15 点、32 点和 22 点，颜色为黄色 #f9db02 和白色 #ffffff，如图 8-57 所示。

图 8-57

Step17 **制作优惠券。** 使用【横排文字工具】T,输入文字，设置字体为微软雅黑和汉仪大黑简，字体大小为 16 点、43 点、16 点、15 点和 29 点，使用【椭圆选框工具】○,创建圆形选区，填充黑色 #000000，如图 8-58 所示。

图 8-58

Step18 **选择形状。** 选择【自定形状工具】&,在选择栏的自定形状下拉列表框中，选择【Windows 指针】选项，如图 8-59 所示。绘制白色指针，效果如图 8-60 所示。

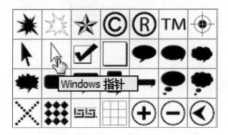

图 8-59

图 8-60

Step19 **复制优惠文字。** 复制优惠券，调整位置和内容，如图 8-61 所示。

图 8-61

Step20 **创建展示底。** 新建图层，使用【矩形选框工具】□创建选区，填充深红色 # 940f0f，如图 8-62 所示。

图 8-62

Step21 **创建标题底。** 新建图层，使用【矩形选框工具】□创建选区，填充深红色 # e05e10，并透视变换图像，效果如图 8-63 所示。

图 8-63

Step22 **创建狭长条。** 新建图层，使用【矩形选框工具】□创建选区，填充深红色 # af2501，如图 8-64 所示。

图 8-64

Step23 **创建左外侧三角。** 使用【多边形套索工具】☑创建选区，填充红色 #d03108，如图 8-65 所示。

图 8-65

Step24 **调整变换中心。**按【Ctrl+T】组合键，执行自由变换操作，移动变换中心到右中点，如图 8-66 所示。

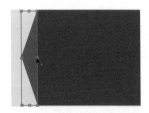

图 8-66

专家点拨

　　调整变换中心时，移动到右侧时会自动吸附到变换点。

Step25 **水平翻转图像。**执行【编辑】→【变换】→【水平翻转】命令，效果如图 8-67 所示。

图 8-67

Step26 **锁定图层透明像素。**在【图层】面板中，单击【锁定透明像素】按钮，如图 8-68 所示。为图层填充深红色 #af2501，如图 8-69 所示。

图 8-68

图 8-69

Step27 **添加洗衣机素材。**打开"网盘\素材文件\第 8 章\洗衣机 .tif"文件，将其拖动到当前文件中，如图 8-70 所示。

图 8-70

Step28 **制作洗衣机投影。**新建图层，使用【套索工具】创建选区，适当羽化选区后，填充黑色，如图 8-71 所示。

图 8-71

Step29 **调整图层顺序。**调整图层顺序，更改图层【不透明度】为 39%，如图 8-72 所示，效果如图 8-73 所示。

图 8-72

图 8-73

Step30 **继续添加洗衣机素材。** 继续在"洗衣机 .tif"文件中，将洗衣机拖动到当前文件中，并添加投影，如图 8-74 所示。

图 8-74

Step31 **创建文字底。** 新建图层，使用【矩形选框工具】 创建选区，填充深红色 # e05e10，如图 8-75 所示。

图 8-75

Step32 **创建渐变底。** 新建图层，使用【矩形选框工具】 创建选区，填充任意颜色，适当变换图像，如图 8-76 所示。

图 8-76

Step33 **添加渐变叠加图层样式。** 双击图层，在

打开的【图层样式】对话框中，选中【渐变叠加】复选框，设置【样式】为线性，【角度】为 0 度，【缩放】为 100%，设置渐变色标为深红色 #a00505、洋红色 #ff1a00，如图 8-77 所示。

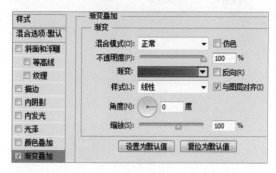

图 8-77

Step34 **复制图层。** 复制渐变底，移动到右侧，并水平翻转图像，效果如图 8-78 所示。

图 8-78

Step35 **添加文字。** 使用【横排文字工具】 输入文字，设置字体为汉仪粗黑简、方正超粗黑简体、黑体和微软雅黑，字体大小分别为 68 点、25 点和 20 点，颜色为白色 #ffffff，如图 8-79 所示。

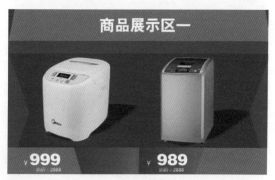

图 8-79

Step36 **添加删除线。** 在【字符】面板中，单击

【删除线】图标，为文字添加删除线，如图 8-80 所示。

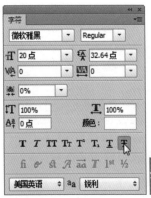

图 8-80

Step37 添加文字。使用【横排文字工具】，输入文字，设置字体为汉仪粗黑简，字体大小为 50 点，如图 8-81 所示。

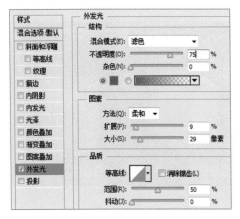

图 8-81

Step38 添加外发光图层样式。双击文字图层，在打开的【图层样式】对话框中，选中【外发光】复选框，设置【混合模式】为滤色，发光颜色为洋红色 #eb2482，【不透明度】为 75%，【扩展】为 9%，【大小】为 29 像素，【范围】为 50%，【抖动】为 0%，如图 8-82 所示。复制文字拖动到右侧，如图 8-83 所示。

图 8-82

图 8-83

Step39 复制展示区。复制展示区，更改图片和文字内容，效果如图 8-84 所示。

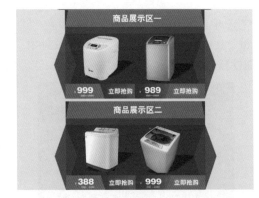

图 8-84

Step40 创建遮挡红条。新建图层，使用【矩形选框工具】，创建选区，填充深红色 #af2501，如图 8-85 所示。

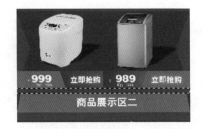

图 8-85

Step41 创建左折线。新建图层，使用【多边形套索工具】，创建两个三角选区，分别填充为深蓝色 #2e378d 和蓝色 #4955cc，如图 8-86 所示。

图 8-86

Step42 混合图层。更改图层混合模式为明度，如图 8-87 所示。复制左折线到右侧，并水平翻转图像，效果如图 8-88 所示。

图 8-87

图 8-88

Step43 创建矩形选区。使用【矩形选框工具】，创建选区，填充黑色 #000000，如图 8-89 所示。

图 8-89

Step44 创建动感模糊效果。执行【滤镜】→【模糊】→【动感模糊】命令，设置【角度】为 0 度，【距离】为 50 像素，单击【确定】按钮，如图 8-90 所示。

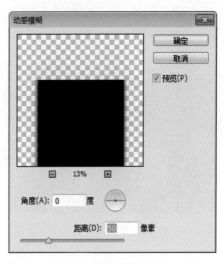

图 8-90

专家答疑

问：为什么动感模糊效果不明显？

答：因为图像应用动感模糊时，如果没有取消选区，模糊效果将只在选区内呈现。取消选区后，模糊效果可以扩展到周围。

Step45 调整图层顺序。更改【投影】图层到【黄底】图层上方，调整图层【不透明度】为 47%，如图 8-91 所示，效果如图 8-92 所示。

图 8-91

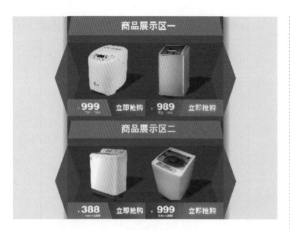

图 8-92

062 实战：虚拟产品展示区

※ 案例说明

虚拟产品虽然不是实物，但是，也可以像实物一样进行展示，可以使用 Photoshop 中的相关工具进行设计制作，完成后的效果如图 8-93所示。

图 8-93

※ 思路解析

虚拟产品内容丰富，包括 Q 币、紫钻、充值卡等。本实例首先制作背景，其次制作虚拟展架，最后制作返回链接，制作流程及思路如图 8-94所示。

图 8-94

※ 步骤详解

Step01 **新建文件。**按【Ctrl+N】组合键，执行【新建】命令，在打开的【新建】对话框中设置宽度、高度和分辨率，单击【确定】按钮，如图8-95 所示。

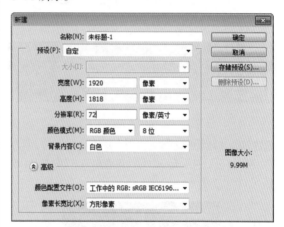

图 8-95

Step02 **填充背景。**设置前景色为红色 #e60012，按【Alt+Delete】组合键填充背景，如图 8-96 所示。

图 8-96

Step03 **创建下黄条。**新建图层，使用【矩形选框工具】创建选区，填充黄色 #fff100，如图8-97 所示。

图 8-97

Step04 创建波浪效果。执行【滤镜】→【扭曲】→
【波浪】命令，在打开的【波浪】对话框中设置
【生成器数】为 10，【波长】最小为 78、最大为
79、【波幅】最小为 1、最大为 2，水平和垂直
【比例】为 100%，选择【类型】为正弦，【未定
义区域】为重复边缘像素，如图 8-98 所示，效果
如图 8-99 所示。

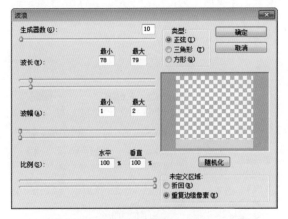

图 8-98

图 8-99

Step05 创建上黄条。使用相同的方法创建上黄
条，效果如图 8-100 所示。

图 8-100

Step06 添加文字。使用【横排文字工具】 T. 输
入文字，设置字体为汉仪超粗圆简，字体大小为
120 点，颜色为白色 #ffffff，如图 8-101 所示。

图 8-101

Step07 继续添加文字。使用【横排文字工具】
T. 输入文字，设置字体为黑体，字体大小为 80
点和 30 点，如图 8-102 所示。

图 8-102

Step08 创建黑块。新建图层，使用【矩形选框
工具】 [::] 创建选区，填充黑色 # 000000，如图
8-103 所示。

图 8-103

Step09 **设置渐变色。** 选择【渐变工具】■，在选项栏中，单击渐变色条，在打开的【渐变编辑器】对话框中，设置渐变色标为深红色 #98100e、浅红色 #ea4946、深红色 #98100e、浅红色 #ea4946、深红色 #98100e，如图 8-104 所示。

图 8-104

Step10 **创建飘带。** 新建图层，使用【钢笔工具】☑绘制路径，载入选区后，填充渐变色，如图 8-105 所示。

图 8-105

Step11 **添加文字。** 使用【横排文字工具】T，输入文字，设置字体为 Arial，字体大小为 33 点，颜色为黄色 #f9ed6c，如图 8-106 所示。

图 8-106

Step12 **创建紫长条。** 新建图层，使用【矩形选

框工具】░创建选区，填充紫色 # e100fe，如图 8-107 所示。

图 8-107

Step13 **透视变换。** 执行【编辑】→【变换】→【透视】命令，拖动上方的控制点，透视变换图像，如图 8-108 所示。

图 8-108

Step14 **添加投影图层样式。** 双击图层，在打开的【图层样式】对话框中，选中【投影】复选框，设置【不透明度】为 75%，投影颜色为深紫色 #5a0365，【角度】为 90 度，【距离】为 69 像素，【扩展】为 26%，【大小】为 57 像素，选中【使用全局光】复选框，如图 8-109 所示，投影效果如图 8-110 所示。

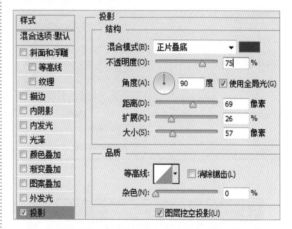

图 8-109

图 8-110

Step15 **创建描边图层。** 新建图层，使用【矩形

选框工具】创建选区，填充蓝色 # 7f26a6，如图 8-111 所示。调整图层顺序后，得到描边效果，如图 8-112 所示。

图 8-111

图 8-112

Step16 **添加钻素材。**打开"网盘\素材文件\第 8 章\钻 .tif"文件，将其拖动到当前文件中，如图 8-113 所示。

图 8-113

Step17 **创建灰底。**新建图层，使用【矩形选框工具】创建选区，填充黑色 # 110501，如图 8-114 所示。缩小选区后，填充灰色 #7e625e，如图 8-115 所示。

图 8-114

图 8-115

Step18 **添加文字。**使用【横排文字工具】，输

入文字，设置字体为方正兰亭大黑，字体大小为 120 点，颜色为浅红色 #fcede8，如图 8-116 所示。

图 8-116

Step19 **复制图像。**复制图像并更改文字内容，效果如图 8-117 所示。

图 8-117

Step20 **继续复制图像。**继续复制图像并更改文字内容，打开"网盘\素材文件\第 8 章\Q 币 .tif"文件，将其拖动到当前文件中，复制多个 Q 币，效果如图 8-118 所示。

图 8-118

Step21 **更改颜色。**更改下方的长条颜色分别为洋红色 #fe00ac、青色 #00b5fe 和绿色 #00fe62，效果如图 8-119 所示。

图 8-119

Step22 绘制圆角矩形。设置前景色为浅灰色 #ede9ee，新建图层，选择【圆角矩形工具】⬜，在选项栏中，选择【像素】复选框，设置【半径】为5像素，拖动鼠标绘制图像，如图8-120所示。

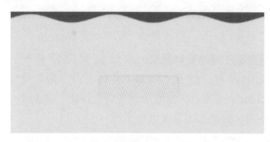

图 8-120

Step23 添加文字。使用【横排文字工具】T输入文字，设置字体为方正粗圆简体，字体大小为30点，颜色为蓝色 #005097，如图8-121所示。

图 8-121

Step24 添加下画线。在【字符】面板中，单击【下画线】按钮T，如图8-122所示，效果如图8-123所示。

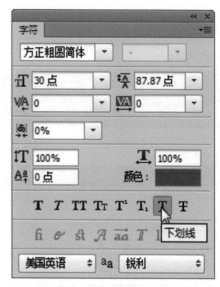

图 8-122

图 8-123

【返回顶部】按钮除了可以装饰画面外，还可以增加页面的人性化体验。

063 实战：人气推荐区

※ 案例说明

人气推荐区是掌柜向顾客推荐宝贝的区域，在这类区域中，顾客通常能感觉到掌柜的热情，完成后的效果如图8-124所示。

图 8-124

※ 思路解析

　　人气推荐区通常展示店铺中人气高的宝贝，这类宝贝能够带动销量。本实例首先制作背景，其次制作栏目标题，最后制作宝贝展示区，制作流程及思路如图 8-125 所示。

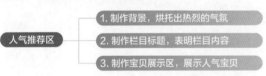

图 8-125

※ 步骤详解

Step01 **新建文件。** 按【Ctrl+N】组合键，执行【新建】命令，在打开的【新建】对话框中设置宽度、高度和分辨率，单击【确定】按钮，如图 8-126 所示。

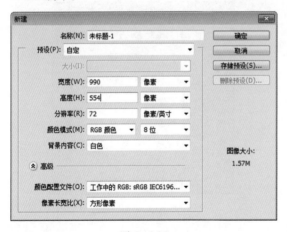

图 8-126

Step02 **填充背景。** 设置前景色为黄色 #fff100，按【Alt+Delete】组合键填充背景，如图 8-127 所示。

图 8-127

Step03 **创建矩形选区。** 使用【矩形选框工具】创建选区，填充粉色 #ffbdf8，如图 8-128 所示。

图 8-128

Step04 **添加描边图层样式。** 双击图层，在打开的【图层样式】对话框中，选中【描边】复选框，设置【大小】为 3 像素，描边颜色为白色 #ffffff，如图 8-129 所示，效果如图 8-130 所示。

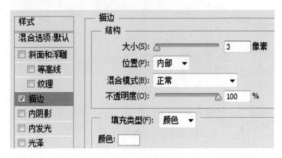

图 8-129

图 8-130

Step05 **选择渐变。**选择【渐变工具】  ，单击选项栏的渐变色条，在打开的【渐变编辑器】对话框中，选择【透明彩虹渐变】选项，如图 8-131 所示。

图 8-131

Step06 **调整色标。**调整透明彩虹渐变的色标位置和色彩，更改最右侧的洋红色标为紫色 #c731e7，如图 8-132 所示。

图 8-132

Step07 **创建彩虹。**新建图层，选择【渐变工具】  ，在选项栏中，选中【反向】和【透明选项】复选框，从下往上拖动鼠标，填充渐变色，如图 8-133 所示。

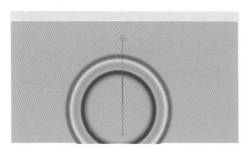

图 8-133

专家答疑

问：【渐变工具】  的【透明选项】复选框有什么作用？

答：使用【渐变工具】  时，即使设置色标为透明，如果没有在选项栏选中【透明选项】复选框，也不会出现透明效果。

Step08 **放大彩虹。**按【Ctrl+T】组合键，执行自由变换操作，放大彩虹，效果如图 8-134 所示。

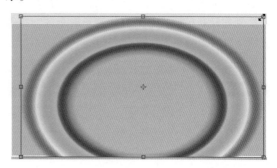

图 8-134

Step09 **调整图层不透明度。**更改【彩虹】图层【不透明度】为 20%，如图 8-135 所示，效果如图 8-136 所示。

图 8-135

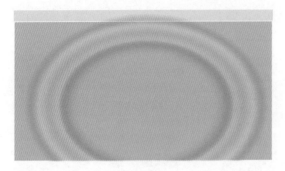

图 8-136

Step10 创建文字底。新建图层，使用【圆角矩形工具】■绘制路径，适当变换路径形状，载入选区后填充紫色 #e749b9，如图 8-137 所示。

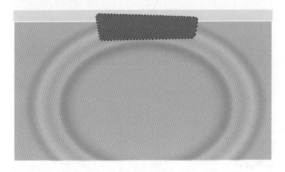

图 8-137

Step11 添加描边图层样式。双击图层，在打开的【图层样式】对话框中，选中【描边】复选框，设置【大小】为 8 像素，描边颜色为白色 # ffffff，如图 8-138 所示。

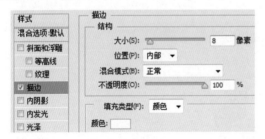

图 8-138

Step12 添加投影图层样式。在【图层样式】对话框中，选中【投影】复选框，设置【不透明度】为 75%，【角度】为 120 度，【距离】为 5 像素，【扩展】为 0%，【大小】为 5 像素，选中【使用全局光】复选框，如图 8-139 所示，效果如图 8-140 所示。

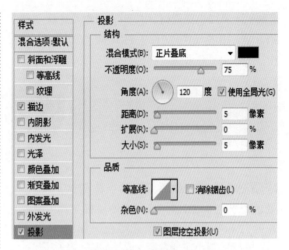

图 8-139

图 8-140

Step13 添加卡通小人素材。打开"网盘 \ 素材文件 \ 第 8 章 \ 卡通小人 .tif"文件，将其拖动到当前文件中，如图 8-141 所示。

图 8-141

Step14 添加文字。使用【横排文字工具】T,输入文字，设置字体为方正综艺简体，字体大小为 48 点和 31 点，颜色为白色 #ffffff，旋转文字，效果如图 8-142 所示。

图 8-142

Step15 **添加小花素材。**打开"网盘 \ 素材文件 \ 第 8 章 \ 小花 .tif"文件，将其拖动到当前文件中，如图 8-143 所示。

图 8-143

Step16 **复制填充颜色。**复制小花图像，设置前景色为绿色 #6dd707，使用【油漆桶工具】 ，在叶片和叶茎上单击填充颜色，如图 8-144 所示。继续复制小花到右侧，效果如图 8-145 所示。

图 8-144

图 8-145

Step17 **绘制白圆。**新建图层，使用【椭圆选框工具】 创建圆形选区，填充白色 #ffffff，如图 8-146 所示。

图 8-146

Step18 **添加描边图层样式。**双击图层，在打开的【图层样式】对话框中，选中【描边】复选

框，设置【大小】为 5 像素，描边颜色为浅红色 #ed7882，如图 8-147 所示。

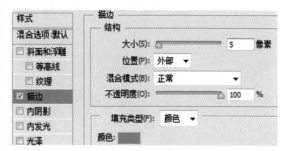

图 8-147

Step19 **添加核桃仁素材。**打开"网盘 \ 素材文件 \ 第 8 章 \ 核桃仁 .tif"文件，将其拖动到当前文件中，如图 8-148 所示。

图 8-148

Step20 **创建剪贴蒙版。**执行【图层】→【创建剪贴蒙版】命令，创建剪贴蒙版，效果如图 8-149 所示。

图 8-149

Step21 **创建梯形底。**新建图层，使用【矩形选框工具】 创建选区，填充红色 # f93646，透视变换图像，效果如图 8-150 所示。

图 8-150

(Step22) **添加文字。** 使用【横排文字工具】 T，输入文字，设置字体为黑体，字体大小为 17 点，颜色为白色 #ffffff，如图 8-151 所示。

图 8-151

(Step23) **添加红色文字。** 使用【横排文字工具】 T，输入文字，设置字体为汉仪超粗宋简和创意简老宋，字体大小分别为 15 点、205 点、41 点和 19 点，颜色为红色 #f93646，如图 8-152 所示。

图 8-152

(Step24) **添加外发光图层样式。** 双击图层，在打开的【图层样式】对话框中，选中【外发光】复选框，设置【混合模式】为滤色，发光颜色为黄色 #ffffbe，【不透明度】为 75%，【扩展】为 0%，【大小】为 5 像素，如图 8-153 所示。

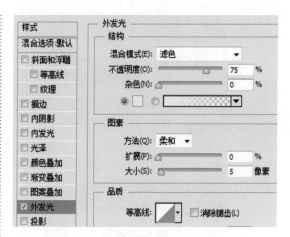

图 8-153

(Step25) **创建红底。** 新建图层，选择【圆角矩形工具】 ▢，在选项栏中，选择【像素】复选框，设置【半径】为 5 像素，拖动鼠标绘制形状，填充红色 #f93646，如图 8-154 所示。

图 8-154

(Step26) **添加投影图层样式。** 双击图层，在打开的【图层样式】对话框中，选中【投影】复选框，设置【不透明度】为 75%，【角度】为 120 度，【距离】为 2 像素，【扩展】为 0%，【大小】为 5 像素，选中【使用全局光】复选框，如图 8-155 所示。添加和文字相同的外发光，效果如图 8-156 所示。

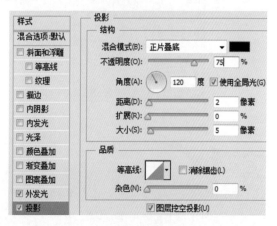

图 8-155

图 8-156

Step27 **添加文字。** 使用【横排文字工具】 ⊤ ，输入文字，设置字体为方正粗圆简体，字体大小为 15 点，颜色为白色 #ffffff，如图 8-157 所示。

图 8-157

Step28 **绘制三角形。** 新建图层，选择【多边形工具】 ⊙ ，在选项栏中，设置【边】为 3，绘制三角形，填充白色 #ffffff，效果如图 8-158 所示。

图 8-158

Step29 **创建组。** 单击【创建新组】按钮 ▭ ，新建【组 1】，将【小花 4】以上的所有图层拖入组中，如图 8-159 所示。

图 8-159

专家点拨

选中图层后，执行【图层】→【新建】→【从图层新建组】命令，可以快速建立图层组。

Step30 **复制组。** 复制 4 个组，并移动位置，如图 8-160 所示。同时选中 4 个组，单击选项栏的【水平居中分布】按钮 ⊪ ，效果如图 8-161 所示。

图 8-160

图 8-161

Step31 **更改内容。** 打开"网盘\素材文件\第 8 章\榛子仁 .tif、松子 tif、礼盒 .tif"文件，拖动到当前文件中，并更改文字内容，效果如图 8-162 所示。

图 8-162

Step32 **绘制心形。** 新建图层，选择【自定形状工具】 🌸 ，在选择栏的【自定形状】下拉列表框中，选择【红心】形状，绘制心形，载入选区后，填充红色 #fe6973，如图 8-163 所示。

图 8-163

美工经验

什么是产品陈列设计

陈列设计就是通过视觉，运用各种道具，结合时尚文化及产品定位，运用各种展示技巧将商品最有魅力的一面展现出来并能提升其价值的一项专业技能。它涵盖了艺术感、商业性、时尚感和技巧性，是以直接的视觉形象来吸引消费者的兴趣并刺激消费。所以说陈列是一门综合性的专业学科，它与设计方法、形象策划、空间规划、美学、色彩学、销售学、市场学、视觉心理学、光学都有关系，被业内人士称为高知识、高技术、高门槛行业。　合理的商品陈列可以起到展示商品、提升品牌形象、营造品牌氛围、提高品牌销售的作用。

在淘宝美工设计中，需要设计师将宝贝按照最理想的方式进行摆放，提升宝贝价格，同时，吸引顾客的购买欲望，如图 8-164 所示。

图 8-164

8.2　同步实训

通过前面内容的学习，相信读者已熟悉在 Photoshop 中进行宝贝陈列设计的专业技能。为了巩固所学内容，下面安排了两个同步训练，读者可以结合思路解析自己动手强化练习。

064 实训：店铺热销区

※ **案例说明**

在店铺热销区中，通常展示出店铺中卖得比较好的宝贝，可以使用 Photoshop 中的相关工具进行设计制作，完成后的效果如图 8-165 所示。

图 8-165

※ 思路解析

店铺热销区可以放一些掌柜主推的宝贝。本实例首先制作场景，其次制作栏目标题，最后制作热销区，制作流程及思路如图 8-166 所示。

图 8-166

※ 关键步骤

关键步骤一： 新建文件。按【Ctrl+N】组合键，执行【新建】命令，在打开的对话框中设置宽度、高度和分辨率，单击【确定】按钮。

关键步骤二： 填充背景。设置前景色为绿色 # a0cd35，按【Alt+Delete】组合键填充背景。

关键步骤三： 添加植物素材。打开"网盘 \ 素材文件 \ 第 8 章 \ 植物 .jpg"文件，将其拖动到当前文件中，更改图层【不透明度】为80%。为图层添加图层蒙版，使用黑色【画笔工具】修改蒙版。

关键步骤四： 添加素材并混合图像。打开"网盘 \ 素材文件 \ 第 8 章 \ 图案 .jpg"文件，将

其拖动到当前文件中，更改图层混合模式为颜色减淡。

关键步骤五： 绘制线条。新建图层，选择【直线工具】，在选项栏中，选择【像素】复选框，设置填充颜色为白色 #ffffff，【粗细】为8像素，拖动鼠标绘制线条。

关键步骤六： 创建矩形选区。新建图层，使用【矩形选框工具】创建选区，填充白色 #ffffff，使用【多边形套索工具】选中右下角图像，按【Delete】键删除。执行【选择】→【变换选区】命令，适当缩小选区，填充浅绿色 #e9ffdf。

关键步骤七： 添加文字。使用【横排文字工具】输入文字，设置字体为锐字逼格青春粗黑体简，字体大小为92点，颜色为绿色 # 409618。

关键步骤八： 创建白底。新建图层，使用【矩形选框工具】创建选区，填充白色 #ffffff，使用【多边形套索工具】选中右下角图像，按【Delete】键删除。

关键步骤九： 添加投影图层样式。双击文字图层，在打开的【图层样式】对话框中，选中【投影】复选框，设置【不透明度】为22%，【角度】为 120 度，【距离】为 5 像素，【扩展】为0%，【大小】为 3 像素，选中【使用全局光】复选框。

关键步骤十： 创建绿底。复制白底，适当缩小图像后，填充绿色 #afff01。

关键步骤十一： 添加内阴影图层样式。双击图层，在打开的【图层样式】对话框中，选中【内阴影】复选框，设置【混合模式】为正片叠底，阴影颜色为浅灰色 #060000，【不透明度】为50%，【角度】为 120 度，【距离】为 6 像素，【阻塞】为0%，【大小】为 65 像素，【等高线】为画圆步骤。

关键步骤十二： 添加素材。打开"网盘 \ 素材文件 \ 第 8 章 \ 多肉 .tif"文件，将其拖动到当前文件中。

关键步骤十三： 添加文字。使用【横排文字工具】输入每行文字，设置字体为黑体，字体大小从上往下依次为50点、29点、48点、24

点、48 点，颜色为黑色 #000000。

关键步骤十四：创建矩形选区。使用【矩形选框工具】，创建选区，填充红色 #801006。执行【图层】→【创建剪贴蒙版】命令，创建剪贴蒙版。

关键步骤十五：添加文字。使用【横排文字工具】，输入文字，设置字体为宋体，字体大小为 40 点，颜色为黄色 #fff100。

关键步骤十六：创建其他展示块。复制生成其他展示块，并调整位置。添加其他多肉植物，并更改文字内容。

065 实训：另类展示区

※ **案例说明**

另类展示区是一种特殊的展示方式，可以使用 Photoshop 中的相关工具进行设计制作，完成后的效果如图 8-167 所示。

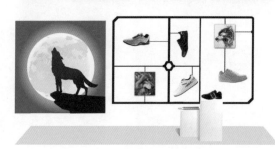

图 8-167

※ **思路解析**

宝贝除了用传统方式进行排列外，还可以根据内容进行创新式摆放。本实例首先制作展示背景，其次制作另类展示框架，最后制作标题文字，制作流程及思路如图 8-168 所示。

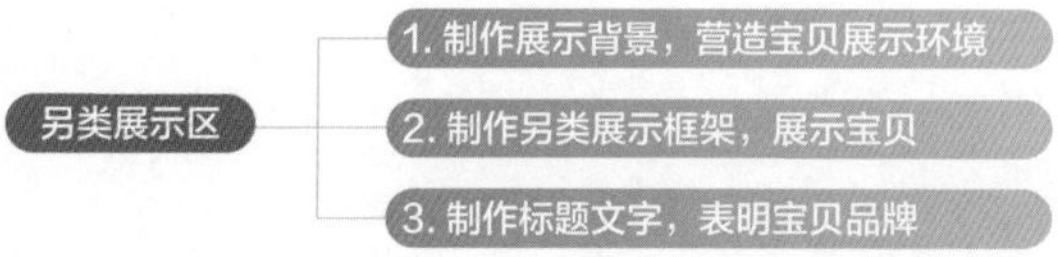

另类展示区
1. 制作展示背景，营造宝贝展示环境
2. 制作另类展示框架，展示宝贝
3. 制作标题文字，表明宝贝品牌

图 8-168

※ **关键步骤**

关键步骤一：新建文件。按【Ctrl+N】组合键，执行【新建】命令，在打开的对话框中设置宽度、高度和分辨率，单击【确定】按钮。

关键步骤二：创建灰底。新建图层，使用【矩形选框工具】创建选区，填充灰色 #e5e5e5。执行【编辑】→【变换】→【透视】命令，透视变换图像。

关键步骤三：创建黑底。新建图层，使用【矩形选框工具】创建选区，填充黑色 #0d0d0d。

关键步骤四：添加狼素材。打开"网盘 \ 素材文件 \ 第 8 章 \ 狼 .jpg"文件，将其拖动到当前文件中。

关键步骤五：创建黑框。选择【圆角矩形工具】，在选项栏中，选择【路径】复选框，设置【半径】为 10 像素，拖动鼠标绘制路径。使用路径调整工具修改路径形状，按【Ctrl+Enter】组合键，载入路径选区。执行【编辑】→【描边】命令，在打开的对话框中设置【宽度】为 15 像素，颜色为黑色 #000000，【位置】为内部，单击【确定】按钮。结合【直线工具】和【多边形工具】绘制黑框内部其他图像。

关键步骤六：创建黑块。新建两个图层，分别使用【矩形选框工具】创建选区，填充任意颜色。

关键步骤七：添加投影图层样式。双击图层，在打开的【图层样式】对话框中，选中【投影】复选框，设置【不透明度】为 75%，【角度】为 120 度，【距离】为 2 像素，【扩展】为 0%，【大小】为 9 像素，选中【使用全局光】复选框。

关键步骤八：添加狼头 1 素材。打开"网盘 \ 素材文件 \ 第 8 章 \ 狼头 1.jpg"文件，将其拖动到当前文件中。执行【图层】→【创建剪贴蒙版】命令，创建剪贴蒙版。

关键步骤九：添加狼头 2 素材。打开"网盘 \ 素材文件 \ 第 8 章 \ 狼头 2.jpg 文件，将其拖到当前文件中，并创建剪贴蒙版。

关键步骤十： 添加鞋子素材。打开"网盘 \ 素材文件 \ 第 8 章 \ 鞋子 .tif"文件，将鞋子拖动到当前文件中，调整位置、大小和旋转角度。

关键步骤十一： 创建展台。新建图层，使用【矩形选框工具】创建选区，填充白色 #ffffff。

关键步骤十二： 绘制侧阴影和投影。新建图层，设置前景色为浅灰色 #f3f0f0，使用【画笔工具】绘制侧阴影。新建图层，使用【多边形套索工具】绘制投影，填充黑色 #000000。

关键步骤十三： 绘制高光。新建图层，设置前景色为白色 #ffffff，使用【画笔工具】绘制高光。

关键步骤十四： 创建展台 2 和侧投影。使用相似的方法，创建展台 2。使用【矩形工具】绘制路径，并更改路径形状。新建图层，按【Ctrl+Enter】组合键，载入路径选区后，填充黑色 #000000。为图层添加图层蒙版。使用黑白【渐变工具】修改蒙版。更改【侧投影】和【投影】图层【不透明度】为 30%。

关键步骤十五： 添加素材。将鞋子文件中的图像拖动到当前文件中，调整位置和大小。

关键步骤十六： 添加文字。使用【横排文字工具】输入文字，设置字体为方正综艺简体，字体大小为 95 点，颜色为白色 #ffffff。

第 9 章
宝贝描述页和页尾设计

本章导读　　　宝贝描述页可以展示宝贝的所有信息，包括宝贝特性描述、宝贝细节、发货说明等。页尾装修在店铺每页都会出现，在尾部可以添加一些对店铺有用的信息，提高店铺转化率。本章将学习宝贝描述页和页尾设计。希望读者掌握基本的操作方法，并学会熟练应用。

知识要点

☆ 怀旧描述页　　　　　　　　　☆ 潮流描述页

☆ 文字描述页　　　　　　　　　☆ 黑白描述页

☆ 古典描述页　　　　　　　　　☆ 卡通描述页

☆ 动感描述页　　　　　　　　　☆ 文字型页尾

☆ 图片型页尾　　　　　　　　　☆ 简洁型页尾

☆ 简约型描述页

案例展示

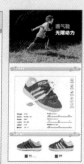

9.1 宝贝描述页设计实例

宝贝描述页将展示宝贝的所有信息，一个成功的描述页，对于推销产品起着至关重要的作用。本节将介绍宝贝描述页的设计和制作方法。

066 实战：怀旧描述页

※ **案例说明**

怀旧描述页通过怀旧情绪渲染，引起顾客的情感共鸣，可以使用 Photoshop 中的相关工具进行设计制作，完成后的效果如图 9-1 所示。

图 9-1

※ **思路解析**

怀旧氛围营造的方式很多，可以从材质、色调等角度进行打造。本实例首先制作标题块，其次制作描述图片，最后制作文字，制作流程及思路如图 9-2 所示。

图 9-2

※ **步骤详解**

Step01 **新建文件。**按【Ctrl+N】组合键，执行【新建】命令，在打开的【新建】对话框中，设置【宽度】为 750 像素，【高度】为 1144 像素，【分辨率】为 72 像素 / 英寸，单击【确定】按钮，如图 9-3 所示。

图 9-3

Step02 **添加顶图素材。**打开"网盘 \ 素材文件 \ 第 9 章 \ 顶图 .tif"文件，将其拖动到当前文件中，如图 9-4 所示。

图 9-4

Step03 **创建矩形选区。**使用【矩形选框工具】创建选区，如图 9-5 所示。

图 9-5

Step04 **内容识别填充。**按【Shift+F5】组合键，执行【填充】命令，在对话框中，设置填充内容为内容识别，单击【确定】按钮，如图 9-6 所示，效果如图 9-7 所示。

图 9-6

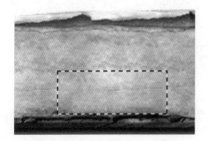

图 9-7

　　内容识别填充可以智能识别周围图像，使填充内容与环境自由融合。

Step05　添加文字。使用【横排文字工具】 T 输入文字，设置字体为汉仪菱心体简，字体大小为40 点，颜色为黑色 #000000，如图 9-8 所示。

图 9-8

Step06　创建圆选区。新建图层，使用【椭圆选框工具】 ○ 创建选区，填充黑色 #000000，如图9-9 所示。

图 9-9

Step07　选择形状。选择【自定形状工具】 ，在选择栏的【自定形状】下拉列表框中，选择【箭头 6】选项，如图 9-10 所示。

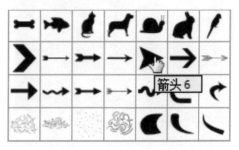

图 9-10

Step08　绘制形状。新建图层，设置前景色为黄色 #f2b550，拖动鼠标绘制箭头，如图 9-11 所示。

图 9-11

Step09　旋转图像。执行【编辑】→【变换】→【旋转 90 度（顺时针）】命令旋转图像，如图9-12 所示。

图 9-12

Step10 添加底图素材。打开"网盘 \ 素材文件 \ 第 9 章 \ 底图 .tif"文件，将其拖动到当前文件中，如图 9–13 所示。

图 9–13

Step11 创建白三角。新建图层，使用【多边形套索工具】 创建选区，填充白色 #ffffff，如图 9–14 所示。

图 9–14

Step12 添加投影图层样式。双击图层，在打开的【图层样式】对话框中，选中【投影】复选框，设置【不透明度】为 75%，【角度】为 120 度，【距离】为 8 像素，【扩展】为 0%，【大小】为 8 像素，选中【使用全局光】复选框，如图 9–15

所示。

图 9–15

Step13 调整填充值。在【图层】面板中，设置【填充】为 39%，如图 9–16 所示，效果如图 9–17 所示。

图 9–16

图 9–17

问：【不透明度】和【填充】有什么区别？

答：在【图层】面板中，【不透明度】影响整体图层像素包括图层样式，而【填充】不会影响图层样式的透明度。

Step14 添加白狗素材。打开"网盘\素材文件\第9章\白狗 .jpg"文件，将其拖动到当前文件中，如图 9-18 所示。

图 9-18

Step15 添加图层蒙版。在【图层】面板中，单击【添加图层蒙版】按钮，为图层添加图层蒙版，使用黑色【画笔工具】修改蒙版，如图 9-19 所示，效果如图 9-20 所示。

图 9-19

图 9-20

Step16 创建白条。新建图层，使用【矩形选框工具】创建选区，填充白色 #ffffff，如图 9-21 所示。

图 9-21

Step17 动感模糊。取消选区，执行【滤镜】→【模糊】→【动感模糊】命令，在打开的【动感模糊】对话框中，设置【角度】为 0 度，【距离】为 40 像素，单击【确定】按钮，如图 9-22 所示。

图 9-22

Step18 添加字母。使用【横排文字工具】 ⊤ 输入字母，设置字体为汉仪菱心体简，字体大小为50 点，颜色为黄色 # d17a29，如图 9-23 所示。

图 9-23

Step19 添加文字。使用【横排文字工具】 ⊤ 输入文字，设置字体为汉仪粗宋简，字体大小为 50点，颜色为白色 #ffffff，如图 9-24 所示。

图 9-24

Step20 添加描边图层样式。双击图层，在【图层样式】对话框中，选中【描边】复选框，设置【大小】为 1 像素，描边颜色为黑色 #000000，如图 9-25 所示。

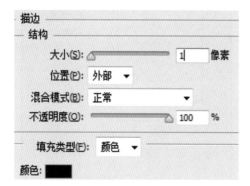

图 9-25

Step21 添加投影图层样式。在打开的【图层样

式】对话框中，选中【投影】复选框，设置【不透明度】为 75%，【角度】为 120 度，【距离】为 5 像素，【扩展】为 0%，【大小】为 1 像素，选中【使用全局光】复选框，如图 9-26 所示。

图 9-26

Step22 添加颈圈素材。打开"网盘 \ 素材文件 \第 9 章 \ 颈圈 .tif"文件，将其拖动到当前文件中，如图 9-27 所示。

图 9-27

Step23 复制颈圈素材。复制颈圈，调整大小和位置，如图 9-28 所示。

图 9-28

Step24 添加图层蒙版。在【图层】面板中，单击【添加图层蒙版】按钮 ◙，为图层添加图层蒙版，使用黑色【画笔工具】 ✐ 修改蒙版，如图 9-29 所示，效果如图 9-30 所示。

图 9-29

图 9-30

Step25 复制白三角。复制白三角，调整位置和大小，如图 9-31 所示。

图 9-31

Step26 添加狼狗素材。打开"网盘 \ 素材文件 \ 第 9 章 \ 狼狗 .tif"文件，将其拖动到当前文件中，如图 9-32 所示。

图 9-32

Step27 添加颈圈多款素材。打开"网盘 \ 素材文件 \ 第 9 章 \ 颈圈多款 .tif"文件，将其拖动到当前文件中，如图 9-33 所示。

图 9-33

Step28 添加文字。使用【横排文字工具】 T. 输入文字，设置字体为汉仪菱心体简，字体大小为30 点，颜色为深红色 #a40000 和黑色 #000000，如图 9-34 所示。

图 9-34

067 实战：潮流描述页

※ 案例说明

潮流描述页设计要有时代感和前卫感，可以使用 Photoshop 中的相关工具进行设计制作，完成后的效果如图 9-35 所示。

图 9-35

※ 思路解析

潮流感描述页设计风格要简约有档次。本实例首先制作标题块和左侧的款式展示，其次添加主打款式，最后制作对比底色块，制作流程及思路如图 9-36 所示。

图 9-36

※ 步骤详解

Step01 **新建文件。**按【Ctrl+N】组合键，执行【新建】命令，在打开的【新建】对话框中，设置【宽度】为 790 像素，【高度】为 920 像素，【分辨率】为 72 像素 / 英寸，单击【确定】按钮，如图 9-37 所示。

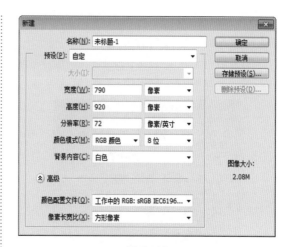

图 9-37

Step02 **填充背景。**设置前景色为黑色，按【Alt+Delete】组合键填充背景，如图 9-38 所示。

图 9-38

Step03 **创建底色。**新建图层，使用【矩形选框工具】创建选区，填充任意颜色，如图 9-39 所示。

图 9-39

Step04 **添加渐变叠加图层样式。**双击图层，在【图层样式】对话框中，选中【渐变叠加】复选框，设置【样式】为线性，【角度】为 90 度，【缩放】为 100%，如图 9-40 所示。

图 9-40

Step05 设置渐变色。在【渐变编辑器】对话框中，设置渐变色标为深蓝色 #002538、浅蓝色 #0091cc、深蓝色 #002538，如图 9-41 所示。

图 9-41

Step06 创建灰框。新建图层，使用【矩形选框工具】创建选区，如图 9-42 所示。

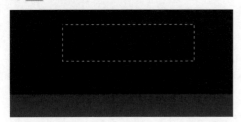

图 9-42

Step07 描边选区。执行【编辑】→【描边】命令，在打开的【描边】对话框中，设置【宽度】为 1 像素，颜色为灰色 #989898，单击【确定】按钮，如图 9-43 所示。

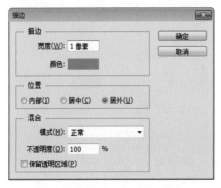

图 9-43

Step08 添加文字。使用【横排文字工具】输入文字，设置字体为锐字逼格青春粗黑体简，字体大小为 40 点，颜色为蓝色 #52c7dd 和黑色 #000000，如图 9-44 所示。

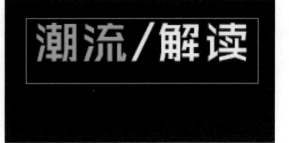

图 9-44

Step09 添加字母。使用【横排文字工具】输入文字，设置字体为 Arial，字体大小为 14 点，如图 9-45 所示。

潮流/解读
The Trend of Interpretation

图 9-45

Step10 添加文字。使用【横排文字工具】输入文字，设置字体为黑体，字体大小为 19 点，如图 9-46 所示。

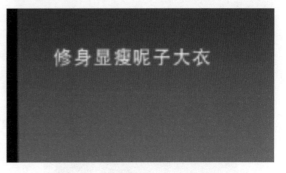

图 9-46

Step11 继续添加文字。使用【横排文字工具】继续输入下方文字，设置字体为锐字逼格青春粗黑体简，字体大小为 31 点，颜色为白色 #ffffff 和蓝色 #34b3c6，如图 9-47 所示。

图 9-47

Step12 **创建黑块。** 新建图层，使用【矩形选框工具】创建选区，填充黑色 #000000，如图 9-48 所示。

图 9-48

Step13 **添加黄衣素材。** 打开"网盘 \ 素材文件 \ 第 9 章 \ 黄衣 .jpg"文件，添加到当前文件中，如图 9-49 所示。

图 9-49

Step14 **添加蓝衣素材。** 打开"网盘 \ 素材文件 \

第 9 章 \ 蓝衣 .jpg"文件，添加到当前文件中，如图 9-50 所示。

图 9-50

Step15 **添加段落文字。** 使用【横排文字工具】创建段落文字，设置字体为黑体，字体大小为 12 点，颜色为白色 #ffffff，如图 9-51 所示。

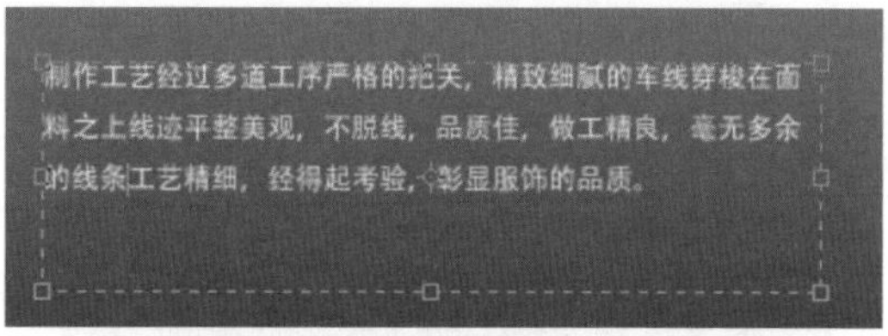

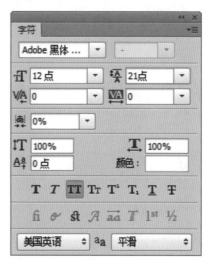

图 9-51

Step16 **设置行距。** 在【字符】面板中，设置行距为 21 点，如图 9-52 所示。

图 9-52

Step17 添加字母素材。打开"网盘\素材文件\第9章\字母.tif"文件，添加到当前文件中，如图9-53所示。

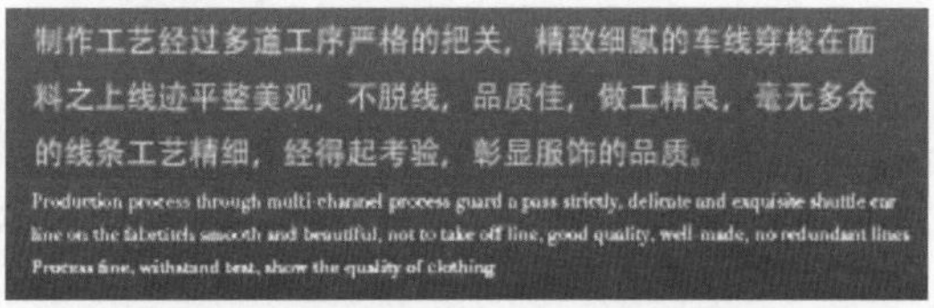

制作工艺经过多道工序严格的把关，精致细腻的车线穿梭在面料之上线迹平整美观，不脱线，品质佳，做工精良，毫无多余的线条工艺精细，经得起考验，彰显服饰的品质。

Production process through multi channel process guard a pass strictly, delicate and exquisite shuttle car line on the fabric this smooth and beautiful, not to take off line, good quality, well-made, no redundant lines Process fine, withstand test, show the quality of clothing

图 9-53

Step18 添加模特素材。打开"网盘\素材文件\第9章\模特.tif"文件，添加到当前文件中，如图9-54所示。

图 9-54

Step19 创建黄块。新建图层，使用【矩形选框工具】  创建选区，填充黄色#fff100，如图9-55所示。

图 9-55

Step20 调整图层顺序。将【黄块】图层移动到【背景】图层上方，如图9-56所示，效果如图9-57所示。

图 9-56

图 9-57

专家答疑

问：可以快速调整图层顺序吗？

答：按【Ctrl+[】组合键，可以下移当前图层；按【Ctrl+]】组合键，可以上移当前图层。按【Ctrl+Shift+[】组合键，可以下移当前图层到面板最下方（除【背景】图层）；按【Ctrl+Shift+]】组合键，可以上移当前图层到面板最上方。

Step21 动感模糊。执行【滤镜】→【模糊】→【动感模糊】命令，在打开的【动感模糊】对话框中，设置【角度】为 –68 度，【距离】为 2000 像素，单击【确定】按钮，如图 9–58 所示，效果如图 9–59 所示。

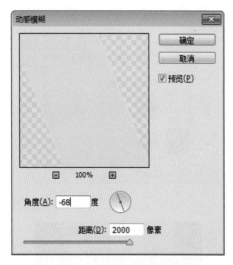

图 9–58

图 9–59

Step22 复制图层。按【Ctrl+J】组合键复制【黄块】图层，按【Ctrl+U】组合键，执行【色相 / 饱和度】命令，在打开的【色相 / 饱和度】对话框中，设置【色相】为 –6，单击【确定】按钮，如图 9–60 所示。调整细节后最终效果如图 9–61 所示。

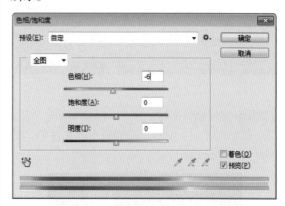

图 9–60

图 9–61

068 实战：文字描述页

※ 案例说明

文字描述页通常用于宝贝说明，可以使用 Photoshop 中的相关工具进行设计制作，完成后的效果如图 9–62 所示。

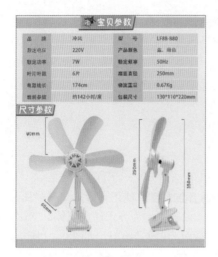

图 9-62

※ 思路解析

　　文字描述页要详细介绍产品的参数信息，所以排列要条理清晰，避免混乱。本实例首先制作底色，其次制作宝贝参数，最后制作尺寸参数，制作流程及思路如图 9-63 所示。

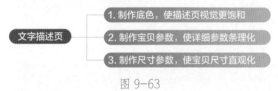

图 9-63

※ 步骤详解

Step01 **新建文件**。按【Ctrl+N】组合键，执行【新建】命令，在对话框中，设置【宽度】为 750 像素，【高度】为 867 像素，【分辨率】为 72 像素 / 英寸，单击【确定】按钮，如图 9-64 所示。

图 9-64

Step02 **填充背景**。设置前景色为浅蓝色 #e7f8fb，按【Alt+Delete】组合键填充背景，如图 9-65 所示。

图 9-65

Step03 **创建上蓝条**。新建图层，使用【矩形选框工具】创建选区，填充蓝色 #92d5e6，如图 9-66 所示。

图 9-66

Step04 **创建标题底**。新建图层，使用【矩形选框工具】创建选区，填充蓝色 #92d5e6，如图 9-67 所示。

图 9-67

Step05 **变换图像。** 执行【编辑】→【变换】→【斜切】命令，拖动中下方的变换点，斜切变换图像，如图 9-68 所示。

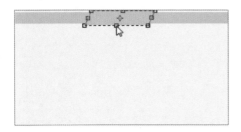

图 9-68

Step06 **添加光泽图层样式。** 双击图层，在打开的【图层样式】对话框中，选中【光泽】复选框，设置【混合模式】为正片叠底，【不透明度】为 50%，【角度】为 19 度，【距离】为 11 像素，【大小】为 14 像素，调整等高线形状为高斯，如图 9-69 所示。

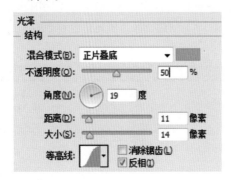

图 9-69

Step07 **添加投影图层样式。** 在【图层样式】对话框中，选中【投影】复选框，设置【不透明度】为 75%，【角度】为 120 度，【距离】为 3 像素，【扩展】为 0%，【大小】为 3 像素，如图 9-70 所示。

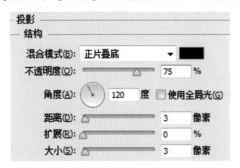

图 9-70

Step08 **添加素材。** 打开"网盘\素材文件\第 9 章\卡通人物 .jpg"文件，选中主体后，添加到当前文件中，调整大小和位置，如图 9-71 所示。

图 9-71

Step09 **添加文字。** 使用【横排文字工具】 T. 输入文字，设置字体为方正幼儿简体，字体大小为 34 点，颜色为白色 #ffffff，如图 9-72 所示。

图 9-72

Step10 **创建灰条。** 新建图层，使用【矩形选框工具】创建选区，填充灰色 # e9e8e8，如图 9-73 所示。

图 9-73

Step11 **复制灰条。** 复制多个灰条，并调整位置，如图 9-74 所示。

图 9-74

Step12 **选择图层。** 选中复制的多个灰条图层，如图 9-75 所示。

图 9-75

Step13 **对齐和分布图层。**在选项栏中，单击【左对齐】按钮 和【垂直居中分布】按钮，如图 9-76 所示，效果如图 9-77 所示。

图 9-76

图 9-77

Step14 **微调位置。**按【→】方向键，微调灰条的位置，效果如图 9-78 所示。

图 9-78

Step15 **创建左蓝条。**新建图层，使用【矩形选框工具】创建选区，填充蓝色 # 92d5e6，如图 9-79 所示。

图 9-79

Step16 **创建右蓝条。**新建图层，使用【矩形选框工具】创建选区，填充蓝色 # 92d5e6，如图 9-80 所示。

图 9-80

Step17 **添加文字。**使用【横排文字工具】输入文字，设置字体为黑体，字体大小为 9 点，颜色为深灰色 #616161，如图 9-81 所示。

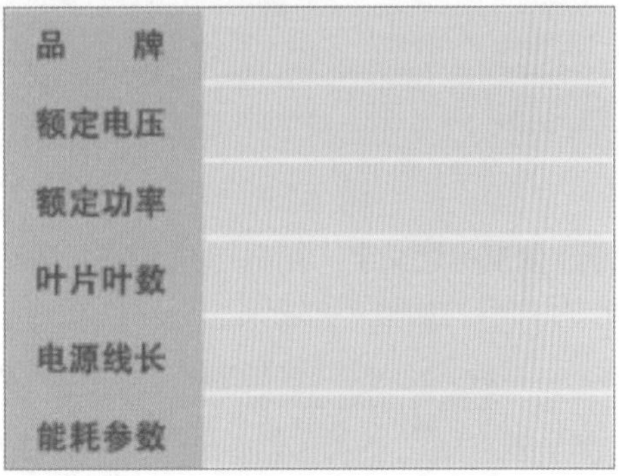

品　牌

额定电压

额定功率

叶片叶数

电源线长

能耗参数

图 9-81

Step18 **设置文字属性。**在【字符】面板中，设置行距为 43.75 点，单击【仿粗体】按钮，如图 9-82 所示。

图 9-82

Step19 **添加其他文字。** 使用相同的方法添加其他文字，如图 9-83 所示。

品　牌	冷风	型　号	LF88-880
额定电压	220V	产品颜色	蓝、绿色
额定功率	7W	额定频率	50Hz
叶片叶数	6片	扇面直径	250mm
电源线长	174cm	物流重量	0.67Kg
能耗参数	约142小时/度	包装尺寸	130*110*220mm

图 9-83

Step20 **复制标题底。** 复制标题底，调整位置和大小，如图 9-84 所示。

宝贝参数			
品　牌	冷风	型　号	LF88-880
额定电压	220V	产品颜色	蓝、绿色
额定功率	7W	额定频率	50Hz
叶片叶数	6片	扇面直径	250mm
电源线长	174cm	物流重量	0.67Kg
能耗参数	约142小时/度	包装尺寸	130*110*220mm

图 9-84

Step21 **复制标题文字。** 复制标题文字，调整位置和文字内容，如图 9-85 所示。

宝贝参数			
品　牌	冷风	型　号	LF88-880
额定电压	220V	产品颜色	蓝、绿色
额定功率	7W	额定频率	50Hz
叶片叶数	6片	扇面直径	250mm
电源线长	174cm	物流重量	0.67Kg
能耗参数	约142小时/度	包装尺寸	130*110*220mm
尺寸参数			

图 9-85

Step22 **添加风扇正面素材。** 打开"网盘\素材文件\第 9 章\风扇正面 .tif"文件，添加到当前文件中，调整大小和位置，如图 9-86 所示。

图 9-86

Step23 **添加风扇侧面素材。** 打开"网盘\素材文件\第 9 章\风扇侧面 .tif"文件，添加到当前文件中，调整大小和位置，如图 9-87 所示。

图 9-87

Step24 **绘制线条。** 设置前景色为灰色 #93a295，新建图层，选择【直线工具】，在选项栏中，选择【像素】选项，设置【描边】为无，【粗细】为 2 像素，拖动鼠标绘制线条，如图 9-88 所示。

图 9-88

Step25 **添加数字和字母。** 使用【横排文字工具】输入文字，设置字体为 Arial，字体大小为

16.5 点，颜色为黑色 #000000，如图 9-89 所示。

图 9-89

Step26 绘制下方标注。新建图层，使用相同的方法制作下方标注线条，并旋转线条角度，添加标注文字，效果如图 9-90 所示。

图 9-90

Step27 绘制右侧标注。新建图层，使用相同的方法制作右侧，效果如图 9-91 所示。

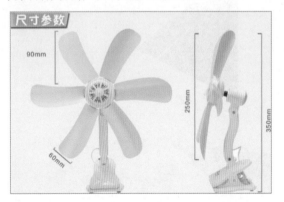

图 9-91

Step28 创建下蓝条。新建图层，使用【矩形选框工具】创建选区，填充蓝色 #92d5e6，如图 9-92 所示。

图 9-92

069 实战：黑白描述页

※ 案例说明

　　黑白描述页没有色彩感，可以从另一个角度诠释宝贝，可以使用 Photoshop 中的相关工具进行设计制作，完成后的效果如图 9-93 所示。

图 9-93

※ 思路解析

　　黑白描述页可以让人的视线更专注于宝贝本身，黑白世界留给人更多想象空间，本实例首先制作标题栏，其次划分版面，最后添加宝贝展示图片和文字，制作流程及思路如图 9-94 所示。

图 9-94

※ 步骤详解

Step01 **新建文件。** 按【Ctrl+N】组合键，执行【新建】命令，在对话框中，设置【宽度】为1920 像素，【高度】为2950 像素，【分辨率】为72 像素 / 英寸，单击【确定】按钮，如图 9-95 所示。

图 9-95

Step02 **添加素材并添加文字。** 打开"网盘 \ 素材文件 \ 第 9 章 \ 白车 .jpg"文件，添加到当前文件中。使用【横排文字工具】T.输入文字，设置字体为微软雅黑，字体大小为 120 点，颜色为白色 #ffffff，如图 9-96 所示。

图 9-96

Step03 **创建三角形。** 新建图层，使用【多边形套索工具】♥.创建选区，填充黑色 #000000，如图 9-97 所示。

图 9-97

Step04 **添加柏油路素材。** 打开"网盘 \ 素材文件 \ 第 9 章 \ 柏油路 .jpg 文件，添加到当前文件中，如图 9-98 所示。

图 9-98

Step05 **创建剪贴蒙版。** 执行【图层】→【创建剪贴蒙版】命令，创建剪贴蒙版，如图 9-99 所示。

图 9-99

专家点拨

　　移动鼠标指针到基底图层和剪贴图层之间，按住【Alt】键并单击，可以快速创建和取消剪贴蒙版效果。

Step06 **添加图层蒙版。** 在【图层】面板中，单击【添加图层蒙版】按钮▣，为图层添加图层蒙版，选择黑白【渐变工具】▣，从下往上拖动鼠标修改蒙版，如图 9–100 所示，效果如图 9–101 所示。

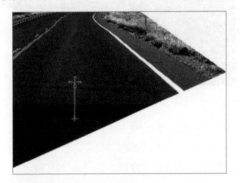

图 9–100

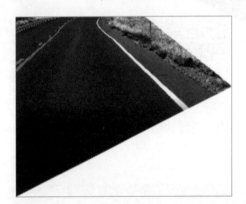

图 9–101

Step07 **添加文字。**使用【横排文字工具】T 输入文字，设置字体为微软雅黑，字体大小为 80 点、36 点和 23 点，颜色为黑色 #000000，效果如图 9–102 所示。

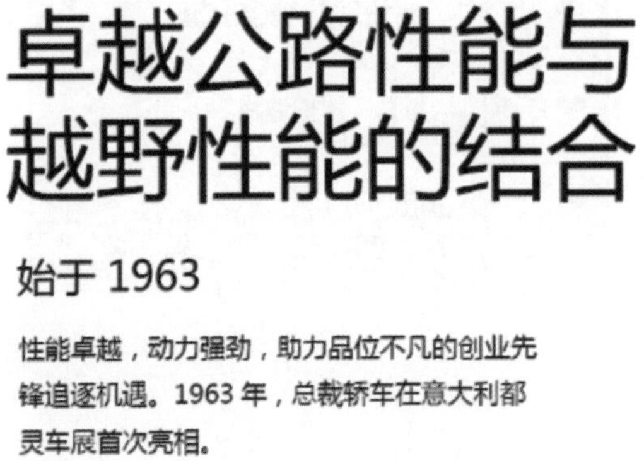

卓越公路性能与
越野性能的结合
始于 1963
性能卓越，动力强劲，助力品位不凡的创业先
锋追逐机遇。1963 年，总裁轿车在意大利都
灵车展首次亮相。

图 9–102

Step08 **添加黑车素材。**打开“网盘 \ 素材文件 \ 第 9 章 \ 黑车 .jpg”文件，添加到当前文件中，如图 9–103 所示。

卓越公路性能与
越野性能的结合
始于 1963

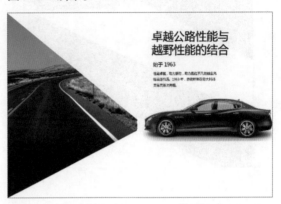

图 9–103

Step09 **添加图层蒙版。**为图层添加图层蒙版，使用黑色【画笔工具】▣修改蒙版，如图 9–104 所示。

始于 1963

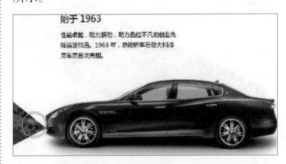

图 9–104

Step10 **创建矩形。**新建图层，使用【矩形选框工具】▣创建选区，填充黑色 #000000，如图 9–105 所示。

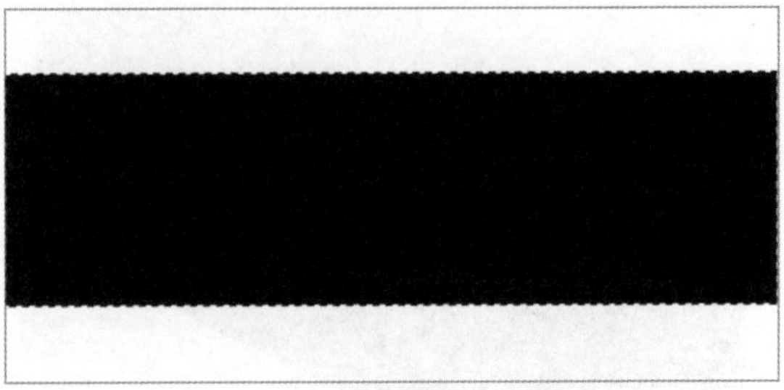

图 9–105

Step11 **变换图像。**执行【图像】→【变换】→【斜切】命令，拖动变换点斜切变换图像，如图

9-106 所示。

图 9-106

Step12 复制图像。复制柏油路图像，调整位置和大小，如图 9-107 所示。

图 9-107

Step13 添加图层蒙版。为图层添加图层蒙版，选择黑白【渐变工具】■，从右往左拖动鼠标修改蒙版，如图 9-108 所示，效果如图 9-109 所示。

图 9-108

图 9-109

Step14 添加文字。使用【横排文字工具】[T]输入文字，设置字体为微软雅黑，字体大小为 120点，颜色为黑色 #000000，如图 9-110 所示。

图 9-110

Step15 调整图层不透明度。更改图层【不透明度】为 50%，如图 9-111 所示，效果如图 9-112所示。

图 9-111

图 9-112

Step16 添加文字。使用【横排文字工具】 T. 输入文字，设置字体为微软雅黑，字体大小分别为 55 点和 24 点，颜色为白色 #ffffff，如图 9-113 所示。

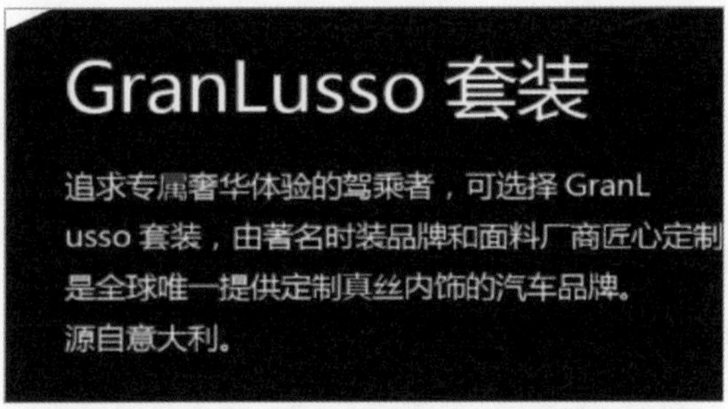

图 9-113

Step17 添加蓝车素材。打开"网盘 \ 素材文件 \ 第 9 章 \ 蓝车 .tif 文件，添加到当前文件中，如图 9-114 所示。

图 9-114

070 实战：古典描述页

※ 案例说明

古典描述页是带有古典风格的描述页，可以使用 Photoshop 中的相关工具进行设计制作，完成后的效果如图 9-115 所示。

图 9-115

※ 思路解析

古典风格描述页常用于传统宝贝中，带给宝贝历史厚重感。本实例首先制作标题栏，其次制作宝贝信息块，最后制作宝贝营养分析块，制作流程及思路如图 9-116 所示。

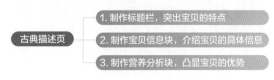

古典描述页
1. 制作标题栏，突出宝贝的特点
2. 制作宝贝信息块，介绍宝贝的具体信息
3. 制作营养分析块，凸显宝贝的优势

图 9-116

※ 步骤详解

Step01 新建文件。按【Ctrl+N】组合键，执行【新建】命令，在对话框中，设置【宽度】为 750 像素，【高度】为 1476 像素，【分辨率】为 72 像素 / 英寸，单击【确定】按钮，如图 9-117

所示。

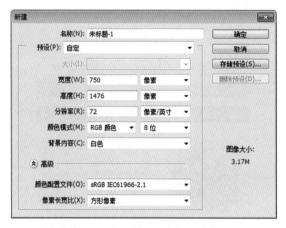

图 9-117

Step02 **设置渐变色。** 新建图层，选择【渐变工具】，在选项栏中，单击渐变色条，在打开的【渐变编辑器】对话框中，设置渐变色标为白色 #ffffff、白色 #ffffff、深黄色 #bfa980、白色 #ffffff，如图 9-118 所示。

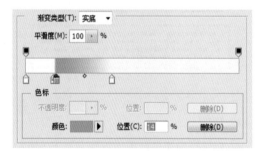

图 9-118

Step03 **填充渐变色。** 新建图层，选择【渐变工具】，在选项栏中，单击渐变色条，在打开的【渐变编辑器】对话框中，设置渐变色标为白色 #ffffff、白色 #ffffff、深黄色 #bfa980、白色 #ffffff，从下往上拖动鼠标填充渐变色，如图 9-119 所示。

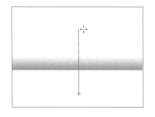

图 9-119

Step04 **添加树枝素材。** 打开"网盘＼素材文件＼第 9 章＼树枝 .tif"文件，添加到当前文件中，如图 9-120 所示。

图 9-120

Step05 **添加山峰素材。** 打开"网盘＼素材文件＼第 9 章＼山峰 .tif"文件，添加到当前文件中，如图 9-121 所示。

图 9-121

Step06 **添加绿叶花素材。** 打开"网盘＼素材文件＼第 9 章＼绿叶花 .tif"文件，添加到当前文件中，如图 9-122 所示。

图 9-122

Step07 **添加花枝素材。** 打开"网盘＼素材文件＼第 9 章＼花枝 .tif"文件，添加到当前文件中，如图 9-123 所示。

图 9-123

Step08 添加绿色文字。使用【横排文字工具】 T，输入文字，设置字体为叶根友毛笔行书，字体大小为 80 点，颜色为绿色 #026634，如图 9-124 所示。

图 9-124

Step09 添加泥土色文字。使用【横排文字工具】 T，输入文字，设置字体为方正细珊瑚简体，字体大小为 40 点，颜色为泥土色 #894712，如图 9-125 所示。

图 9-125

Step10 添加黑色文字。使用【横排文字工具】 T，输入文字，设置字体为黑体，字体大小为 18 点，颜色为深灰色 #4f4f4f，如图 9-126 所示。

图 9-126

Step11 创建矩形。新建图层，使用【矩形选框工具】 ▣ 创建选区，填充绿色 #026634，如图 9-127 所示。

图 9-127

Step12 添加白色文字。使用【横排文字工具】 T 输入文字，设置字体为黑体和汉仪中圆简，字体大小分别为 32 点和 16 点，颜色为白色 #ffffff，如图 9-128 所示。

图 9-128

Step13 添加香菇素材。打开"网盘 \ 素材文件 \ 第 9 章 \ 香菇 .jpg"文件，将其拖动到当前文件中，如图 9-129 所示。

图 9-129

Step14 添加图层蒙版。为图层添加图层蒙版，使用黑色【画笔工具】 修改蒙版，效果如图 9-130 所示。

图 9-130

Step15 **添加文字框素材。** 打开"网盘 \ 素材文件 \ 第 9 章 \ 文字框 .jpg"文件，将其拖动到当前文件中，如图 9-131 所示。

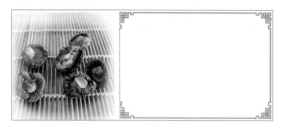

图 9-131

Step16 **添加文字。** 使用【横排文字工具】 输入文字，设置字体为方正小标宋简体和黑体，字体大小为分别 20 点和 21 点，颜色为黑色 #000000，如图 9-132 所示。在【字符】面板中，设置【行距】为 34 点，如图 9-133 所示。

图 9-132

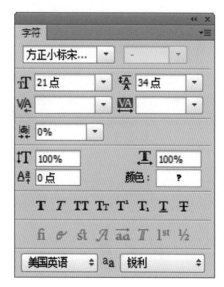

图 9-133

Step17 **复制栏目条。** 复制绿色栏目条，将其移动到下方，并更改文字内容，如图 9-134 所示。

图 9-134

Step18 **添加大香菇素材。** 打开"网盘 \ 素材文件 \ 第 9 章 \ 大香菇 .tif"文件，将其拖动到当前文件中，如图 9-135 所示。

图 9-135

Step19 创建成分条。新建图层，使用【矩形选框工具】和【多边形工具】，绘制成分条，再使用【横排文字工具】输入文字，设置字体为粗标宋体，字体大小为 19 点，颜色为黄色 #a2652e，如图 9-136 所示。

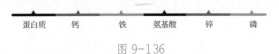

图 9-136

Step20 创建矩形选区。使用【矩形选框工具】创建选区，如图 9-137 所示。

图 9-137

Step21 减选选区。按住【Alt】键，拖动鼠标减选区域后，填充灰色 #c9b4a3，如图 9-138 所示。

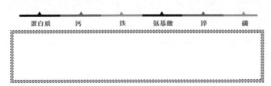

图 9-138

专家点拨

　　创建选区后，按住【Shift】键，可以加选选区；按住【Alt】键，可以减选选区；按住【Alt+Shift】组合键，可以得到交叉选区。

Step22 添加文字。使用【横排文字工具】输入文字，设置字体为黑体，字体大小为 16 点，在【字符】面板中，设置行距为 26 点，效果如图 9-139 所示。

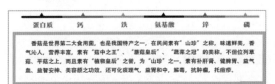

图 9-139

071 实战：卡通描述页

※ **案例说明**

　　卡通描述页中可以添加一些卡通元素，可以使用 Photoshop 中的相关工具进行设计制作，完成后的效果如图 9-140 所示。

图 9-140

※ **思路解析**

　　卡通描述页可以带给顾客轻松的浏览体验。本实例首先制作底图效果，其次制作宝贝信息，最后制作宝贝指数，制作流程及思路如图 9-141 所示。

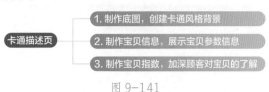

图 9-141

※ **步骤详解**

Step01 新建文件。按【Ctrl+N】组合键，执行【新建】命令，在对话框中，设置【宽度】为 750 像素，【高度】为 1042 像素，【分辨率】为

72 像素／英寸，单击【确定】按钮，如图 9–142 所示。

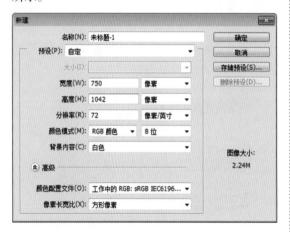

图 9–142

Step02 **绘制竖线。**新建图层，设置前景色为浅蓝色 #d2e7e8，选择【直线工具】，在选项栏中，选择【像素】复选框，设置【粗细】为 9 像素，拖动鼠标绘制线条，如图 9–143 所示。

图 9–143

Step03 **复制竖线。**按住【Alt】键，拖动鼠标复制竖线，如图 9–144 所示。

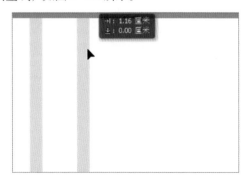

图 9–144

Step04 **继续复制竖线。** 按【Alt+Shift+Ctrl+T】组合键多次，复制竖线，直到铺满背景，效果如图 9–145 所示。

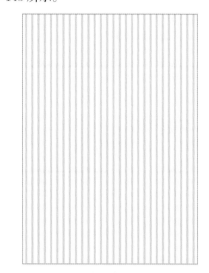

图 9–145

Step05 **绘制路径。**选择【钢笔工具】，绘制路径，效果如图 9–146 所示。

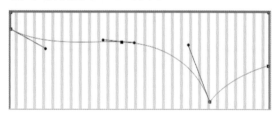

图 9–146

Step06 **填充路径。**新建图层，按【Ctrl+Enter】组合键，载入路径选区。设置前景色为橙色 #f0ac4a，按【Alt+Delete】组合键，填充前景色，如图 9–147 所示。

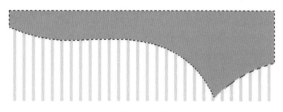

图 9–147

Step07 **创建绿色路径。**新建图层，使用相同的方法创建路径，载入选区后，填充绿色 #9fbe6c，效果如图 9–148 所示。

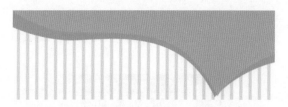

图 9-148

Step08 **创建蓝色路径。**新建图层，使用相同的方法创建路径，载入选区后，填充蓝色 # d2e8e8，效果如图 9-149 所示。

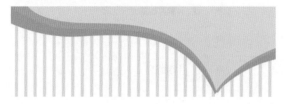

图 9-149

Step09 **添加气球素材。**打开"网盘 \ 素材文件 \ 第 9 章 \ 气球 .tif"文件，将其拖动到当前文件中，如图 9-150 所示。

图 9-150

Step10 **创建文字框路径。**新建图层，使用【钢笔工具】▱创建路径，载入选区后，填充白色 #ffffff，效果如图 9-151 所示。

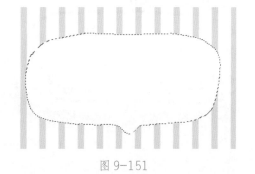

图 9-151

Step11 **添加投影图层样式。**双击图层，在打开的【图层样式】对话框中，选中【投影】复选框，设置投影颜色为浅灰色 #726258，【不透明度】为 100%，【角度】为 120 度，【距离】为 11 像素，【扩展】为 18%，【大小】为 15 像素，选中【使用全局光】复选框，如图 9-152 所示。

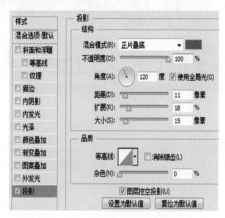

图 9-152

Step12 **添加土框素材。**打开"网盘 \ 素材文件 \ 第 9 章 \ 土框 .tif"文件，将其拖动到当前文件中，如图 9-153 所示。

图 9-153

Step13 **添加文字。**使用【横排文字工具】▱输入文字，设置字体为汉仪娃娃篆简，字体大小为 32 点，颜色为蓝色 #008c8f，如图 9-154 所示。

图 9-154

Step14 **添加字母。** 使用【横排文字工具】 T 输入字母，设置字体为 Myriad Pro，字体大小为 18 点，如图 9-155 所示。

图 9-155

Step15 **变形文字。** 在选项栏中，单击【创建文字变形】按钮 ，在打开的【变形文字】对话框中，设置【样式】为扇形，【弯曲】为 14%，如图 9-156 所示。

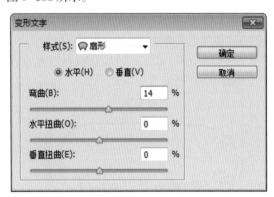

图 9-156

Step16 **绘制颜色。** 新建图层，设置前景色为绿色 #9ade4d，使用【画笔工具】 ，绘制绿色图像，如图 9-157 所示。

图 9-157

Step17 **调整图层顺序。** 调整【绘制颜色】图层到【土框】图层下方，如图 9-158 所示，效果如图 9-159 所示。

图 9-158

图 9-159

Step18 **添加红蝴蝶素材。** 打开"网盘\素材文件\第 9 章\红蝴蝶 .tif"文件，将其拖动到当前文件中，如图 9-160 所示。

图 9-160

Step19 绘制蓝底框。 新建图层，设置前景色为蓝色 #008c8f，选择【圆角矩形工具】 ，在选项栏中，选择【像素】复选框，设置【半径】为 10 像素，拖动鼠标绘制形状，如图 9-161 所示。使用相同的方法，绘制多个蓝色底框，效果如图 9-162 所示。

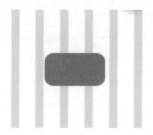

图 9-161

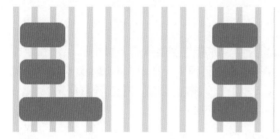

图 9-162

Step20 添加文字。 使用【横排文字工具】 ，输入文字，设置字体为汉仪娃娃篆简，字体大小为 28 点，颜色为白色 #ffffff 和蓝色 #008c8f，如图 9-163 所示。

图 9-163

Step21 复制图像。 选中上方的熊熊档案文字块所在的多个图层，按【Ctrl+J】组合键复制图层，单击【链接图层】按钮 ，链接图层，如图 9-164 所示。

图 9-164

专家答疑

问：链接图层有什么作用？

答：链接图层后，可以对多个图层应用相同的变换和移动等操作。

Step22 移动图像。 将链接图层移动到下方适当位置，如图 9-165 所示。

图 9-165

Step23 **更改文字内容。**更改下方文字内容，如图 9-166 所示。

图 9-166

Step24 **绘制白框。**新建图层，设置前景色为白色 #ffffff，选择【圆角矩形工具】，在选项栏中，选择【像素】复选框，设置【半径】为 10 像素，拖动鼠标绘制形状，如图 9-167 所示。

图 9-167

Step25 **添加描边图层样式。**双击图层，在【图层样式】对话框中，选中【描边】复选框，设置【大小】为 3 像素，描边颜色为蓝色 #008c8f，如图 9-168 所示。

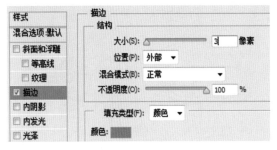

图 9-168

Step26 **添加蝴蝶结素材。**打开"网盘 \ 素材文件 \ 第 9 章 \ 蝴蝶结 .tif"文件，将其拖动到当前文件中，并复制移动到右侧适当位置，如图 9-169 所示。

图 9-169

Step27 **添加文字。**使用【横排文字工具】，输入文字，设置字体为汉仪娃娃篆简，字体大小为 28 点，颜色为蓝色 #008c8f，如图 9-170 所示。

图 9-170

Step28 **添加描边图层样式。**双击图层，在【图层样式】对话框中，选中【描边】复选框，设置【大小】为 3 像素，描边颜色为浅蓝色 #d2e7e8，如图 9-171 所示。

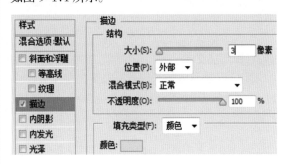

图 9-171

Step29 **复制文字。**复制并更改文字内容，效果如图 9-172 所示。

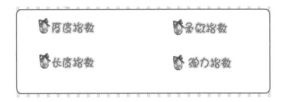

图 9-172

Step30 **添加其他文字。**使用【横排文字工具】，输入文字，设置字体为汉仪娃娃篆简，字体大小为 22 点，颜色为洋红色 #e46aa4 和蓝色 #008c8f，如图 9-173 所示。

图 9-173

072 实战：动感描述页

※ 案例说明

动感描述页是带有运动能量的描述页，可以使用 Photoshop 中的相关工具进行设计制作，完成后的效果如图 9-174 所示。

图 9-174

※ 思路解析

动感描述页通过动感画面，使顾客对宝贝的功能得到真实的体验。本实例首先添加动感图片，其次制作产品参数，最后制作色彩展示，制作流程及思路如图 9-175 所示。

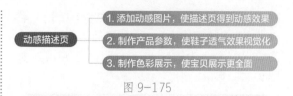

图 9-175

※ 步骤详解

Step01 **新建文件。** 按【Ctrl+N】组合键，执行【新建】命令，在对话框中，设置【宽度】为 790 像素，【高度】为 1585 像素，【分辨率】为 72 像素 / 英寸，单击【确定】按钮，如图 9-176 所示。

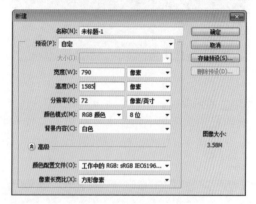

图 9-176

Step02 **添加跑步素材。** 打开"网盘 \ 素材文件 \ 第 9 章 \ 跑步 .jpg"文件，将其拖动到当前文件中，如图 9-177 所示。

图 9-177

Step03 **添加文字**。使用【横排文字工具】 T 输入文字，设置字体为方正超粗黑简体，字体大小为52点，颜色为橙色 #fb9002 和白色 #ffffff，如图9-178所示。

图 9-178

Step04 **绘制路径**。选择【圆角矩形工具】 ◻ ，在选项栏中，选择【路径】复选框，设置【半径】为50像素，拖动鼠标绘制路径，如图9-179所示。

图 9-179

Step05 **设置渐变色**。设置前景色为浅绿色 #9ccf52，背景色为浅黄色 #dce967，选择【渐变工具】 ◼ ，在选项栏中，选择前景色到背景色渐变，如图9-180所示。

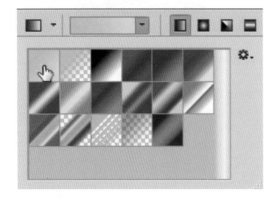

图 9-180

Step06 **填充渐变色**。新建图层，从下往上拖动鼠标，填充渐变色，如图9-181所示。

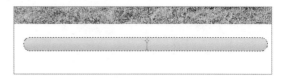

图 9-181

Step07 **选择爪印形状**。选择【自定形状工具】 ☞ ，在选择栏的【自定形状】下拉列表框中，选择【爪印】形状，如图9-182所示。

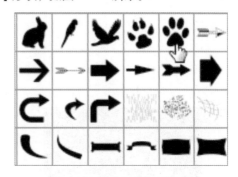

图 9-182

Step08 **绘制路径**。在选项栏中，选择【路径】选项，拖动鼠标绘制爪印路径，如图9-183所示。

图 9-183

Step09 **填充绿色**。新建图层，按【Ctrl+Enter】组合键，载入路径选区后，填充绿色 # 8ac837，如图9-184所示。

图 9-184

Step10 **添加斜面和浮雕图层样式**。双击图层，在打开的【图层样式】对话框中，选中【斜面和浮雕】复选框，设置【样式】为内斜面，【方法】为平滑，【深度】为50%，【方向】为上，【大小】为5像素，【软化】为0像素，【角度】为90度，【高度】为26度，【高光模式】为滤色，【不透明度】为75%，颜色为浅绿色 #a0ee37，【阴影模式】为正片叠底，【不透明度】为75%，颜色为深绿色 #3f6c03，如图9-185所示。

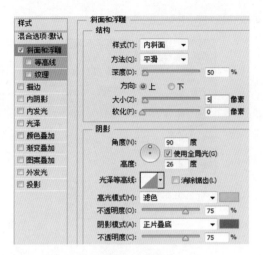

图 9-185

Step11 添加白色文字。使用【横排文字工具】
输入文字，设置字体为华康海报体，字体大小为
25 点，颜色为白色 #ffffff，如图 9-186 所示。

图 9-186

Step12 添加投影图层样式。双击文字图层，在
打开的【图层样式】对话框中，选中【投影】复
选框，设置投影颜色为绿色 #5e9c17，【不透明
度】为 75%，【角度】为 90 度，【距离】为 3 像
素，【扩展】为 0%，【大小】为 5 像素，选中
【使用全局光】复选框，如图 9-187 所示。

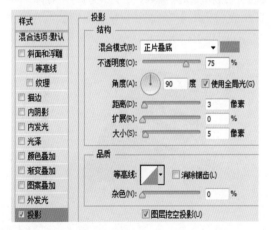

图 9-187

Step13 创建矩形选区。使用【矩形选框工具】
创建选区，如图 9-188 所示。

图 9-188

Step14 描边选区。新建图层，执行【编辑】→
【描边】命令，在打开的【描边】对话框中，设
置【宽度】为 2 像素，颜色为深灰色 #898989，
单击【确定】按钮，如图 9-189 所示。

图 9-189

Step15 添加蓝鞋素材。打开"网盘 \ 素材文件 \
第 9 章 \ 蓝鞋 .tif"文件，将其拖动到当前文件
中，如图 9-190 所示。

图 9-190

Step16 添加绿叶素材。打开"网盘 \ 素材文件 \ 第 9 章 \ 绿叶 .tif"文件，将其拖动到当前文件中，如图 9-191 所示。

图 9-191

Step17 创建椭圆选区。新建图层。使用【椭圆选框工具】□ 创建椭圆选区，填充白色，如图 9-192 所示。

图 9-192

Step18 变换图像。旋转扭曲图像，效果如图 9-193 所示。

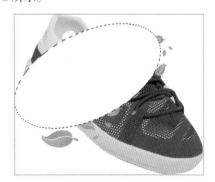

图 9-193

Step19 添加图层蒙版。为图层添加图层蒙版。使用黑色【画笔工具】☑ 修改蒙版，如图 9-194

所示，效果如图 9-195 所示。

图 9-194

图 9-195

专家点拨

制作白色透明弧线，让人们从视觉上感受到鞋子的透气效果。

Step20 添加标识素材。打开"网盘 \ 素材文件 \ 第 9 章 \ 标识 .tif"文件，将其拖动到当前文件中，如图 9-196 所示。

图 9-196

Step21 调整图层不透明度。更改图层【不透明

度】为 50%，如图 9-197 所示。

图 9-197

Step22 **添加文字。** 使用【横排文字工具】 T 输入文字，设置字体为汉仪大黑简和黑体，字体大小为 13 点，颜色为黑色 #000000，如图 9-198 所示。

宝贝品牌	叮叮猫
宝贝名称	网布童鞋（小童）
宝贝型号	26849
主要材质	网布 +MD
尺码选择	26-30
颜色选中	宝蓝 大红

图 9-198

Step23 **添加文字。** 使用【横排文字工具】 T 输入文字，设置字体为黑体，字体大小为 11 点和 10 点，颜色为深灰色 #414141，如图 9-199 所示。

图 9-199

Step24 **绘制圆角矩形。** 新建图层，设置前景色为灰色 #b1b1b1，选择【圆角矩形工具】 □，在选项栏中，选择【像素】复选框，设置【半径】为 50 像素，拖动鼠标绘制图像，如图 9-200 所示。

图 9-200

Step25 **添加内阴影图层样式。** 双击图层，在【图

层样式】对话框中，选中【内阴影】复选框，设置【混合模式】为正片叠底，【不透明度】为 50%，【角度】为 90 度，【距离】为 1 像素，【阻塞】为 0%，【大小】为 3 像素，如图 9-201 所示。

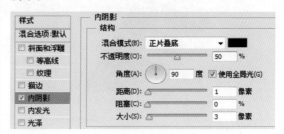

图 9-201

Step26 **创建圆形选区。** 新建图层。使用【椭圆选框工具】 ○ 创建圆形选区，如图 9-202 所示。

图 9-202

Step27 **填充灰白渐变色。** 设置前景色为深灰色 #44443f，背景色为白色 #ffffff，使用【渐变工具】 ■ 填充渐变色，如图 9-203 所示。

图 9-203

Step28 **制作其他文字。** 使用相同的方法，制作其他文字、圆角矩形和按钮，如图 9-204 所示。

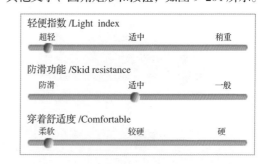

图 9-204

Step29 **制作色彩展示绿条。** 复制上方的产品参

数绿条内容，移动到下方适当位置，更改文字内容，如图 9-205 所示。

图 9-205

Step30 **添加素材。** 打开"网盘 \ 素材文件 \ 第 9 章 \ 红鞋 .tif 和蓝鞋 .tif"文件，调整位置，效果如图 9-206 所示。

图 9-206

Step31 **创建矩形选区。** 使用【矩形选框工具】创建选区，填充深红色 #aa2428，如图 9-207 所示。

图 9-207

Step32 **添加文字。** 使用【横排文字工具】 T 输入文字，设置字体为汉仪大黑简，字体大小为 17 点，颜色为黑色 #000000，如图 9-208 所示。

图 9-208

Step33 **添加字母。** 使用【横排文字工具】 T 输入字母，设置字体为 Arial，字体大小为 13 点，颜色为深灰色 #595757，效果如图 9-209 所示。

图 9-209

Step34 **添加蓝鞋介绍。** 使用相同的方法，添加蓝块和文字说明，效果如图 9-210 所示。

图 9-210

Step35 **旋转标题文字。** 旋转标题文字，效果如

图 9-211 所示。

图 9-211

073 实战：文字型页尾

※ 案例说明

　　文字型页尾是文字主导型页尾，可以使用 Photoshop 中的相关工具进行设计制作，完成后的效果如图 9-212 所示。

图 9-212

※ 思路解析

　　文字型页尾可以添加一些重要文字信息，包括店铺名、宝贝分类等内容。本实例首先制作宝贝分类，其次制作店铺名，最后制作其他标识，制作流程及思路如图 9-213 所示。

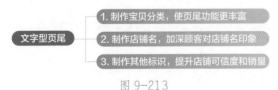

图 9-213

※ 步骤详解

Step01 新建文件。按【Ctrl+N】组合键，执行

【新建】命令，在对话框中，设置【宽度】为 950 像素，【高度】为 398 像素，【分辨率】为 72 像素/英寸，单击【确定】按钮，如图 9-214 所示。

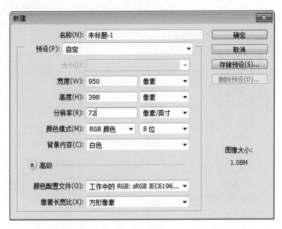

图 9-214

Step02 创建矩形选区。使用【矩形选框工具】创建选区，填充紫色 #cd7cbf，如图 9-215 所示。

图 9-215

Step03 绘制直线。新建图层，设置前景色为深紫色 #97598d，选择【直线工具】，在选项栏中，选择【像素】复选框，设置【粗细】为 2 像素，拖动鼠标绘制线条，如图 9-216 所示。

图 9-216

Step04 添加投影图层样式。双击图层，在打开

的【图层样式】对话框中，选中【投影】复选框，设置投影颜色为紫色 #743a6b，【不透明度】为 75%，【角度】为 30 度，【距离】为 3 像素，【扩展】为 0%，【大小】为 4 像素，如图 9-217 所示。

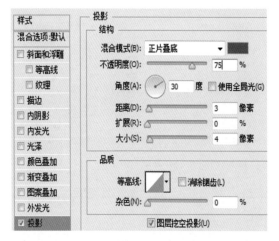

图 9-217

Step05 添加紫蝴蝶结素材。打开"网盘\素材文件\第 9 章\紫蝴蝶结 .tif"文件，将其拖动到当前文件中，如图 9-218 所示。

图 9-218

Step06 添加文字。使用【横排文字工具】 **T.** 输入文字，设置字体为微软雅黑，字体大小为 24 点，颜色为白色 #ffffff，如图 9-219 所示。

图 9-219

Step07 添加字母。使用【横排文字工具】 **T.** 输入字母，设置字体为微软雅黑，字体大小为 12 点，颜色为白色 #ffffff，如图 9-220 所示。

图 9-220

Step08 添加其他内容。使用相同的方法，添加其他分类内容，效果如图 9-221 所示。

图 9-221

Step09 添加文字。使用【横排文字工具】 **T.** 输入文字，设置字体为方正兰亭特黑简，字体大小为 50 点，颜色为紫色 #ea60d2，如图 9-222 所示。

图 9-222

Step10 添加花纹素材。打开"网盘\素材文件\第 9 章\花纹 .tif"文件，将其拖动到当前文件中，如图 9-223 所示。

图 9-223

Step11 复制变换花纹。复制花纹，执行【编辑】→【变换】→【水平翻转】命令，水平翻转图像，如图 9-224 所示。

图 9-224

Step12 绘制直线。新建图层，选择【直线工具】/，在选项栏中，选择【像素】选项，【粗细】为 2 像素，拖动鼠标绘制线条，如图 9-225 所示。

图 9-225

Step13 添加图层蒙版。为图层添加图层蒙版，使用黑色【画笔工具】/修改蒙版，如图 9-226 所示。

图 9-226

Step14 添加文字。使用【横排文字工具】T,输入文字，设置字体为创意简老宋，字体大小为 15 点，颜色为紫色 #cd7cbf，如图 9-227 所示。

图 9-227

Step15 复制直线。复制直线，并水平翻转图像，移动到右侧适当位置，如图 9-228 所示。

图 9-228

Step16 复制直线。复制直线，并水平翻转图像，移动到右侧适当位置，如图 9-229 所示。

图 9-229

Step17 添加文字。使用【横排文字工具】T,输入文字，设置字体为微软雅黑，字体大小为 12 点，颜色为白色 #ffffff，如图 9-230 所示。

图 9-230

Step18 添加正品标识素材。打开"网盘\素材文件\第 9 章\正品标识 .tif"文件，将其拖动到当前文件中，如图 9-231 所示。

图 9-231

Step19 添加文字。使用【横排文字工具】T,输入文字，设置字体为微软雅黑，字体大小为 18 点，颜色为白色 #ffffff，如图 9-232 所示。

图 9-232

Step20 **添加右侧文字。**使用【横排文字工具】 T，输入文字，设置字体为微软雅黑，字体大小分别为 14 点和 12 点，颜色为紫色 # cd7cbf，如图 9-233 所示。

图 9-233

Step21 **绘制圆角矩形。**选择【圆角矩形工具】，在选项栏中，选择【像素】复选框，设置【半径】为 5 像素，拖动鼠标绘制形状，如图 9-234 所示。

图 9-234

Step22 **添加文字。**使用【横排文字工具】 T，输入文字，设置字体为 Myriad Pro，字体大小为 36 点，颜色为白色 #ffffff，如图 9-235 所示。

图 9-235

Step23 **添加右侧文字。**使用【横排文字工具】 T，输入右侧文字，设置字体为微软雅黑，字体大小分别为 14 点和 12 点，颜色为紫色 # cd7cbf，如图 9-236 所示。

图 9-236

Step24 **选择形状。**选择【自定形状工具】，在选择栏的【自定形状】下拉列表框中，选择形状，如图 9-237 所示。

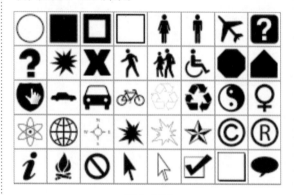

图 9-237

Step25 **绘制形状。**在选项栏中，选择【像素】选项，拖动鼠标绘制形状，效果如图 9-238 所示。

图 9-238

Step26 **添加文字。**使用【横排文字工具】 T，输入文字，设置字体为微软雅黑，字体大小为 24 点，颜色为白色 #ffffff，如图 9-239 所示。

图 9-239

Step27 添加右侧文字。使用【横排文字工具】[T.]，输入文字，设置字体为微软雅黑，字体大小分别为 14 和 12 点，颜色为紫色 # cd7cbf，如图 9-240 所示。

图 9-240

Step28 选择形状。选择【自定形状工具】[⬚]，在选择栏的【自定形状】下拉列表框中，选择形状，如图 9-241 所示。

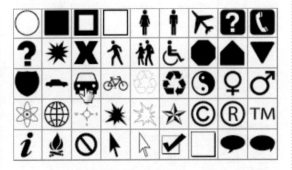

图 9-241

Step29 绘制形状。在选项栏中，选择【像素】选项，拖动鼠标绘制形状，效果如图 9-242 所示。

图 9-242

Step30 添加右侧文字。使用【横排文字工具】[T.]，输入文字，设置字体为微软雅黑，字体大小分别为 14 点和 12 点，颜色为紫色 # cd7cbf，如图 9-243 所示。

图 9-243

074 实战：图片型页尾

※ 案例说明

图片型页尾是以图片为主的页尾，可以使用 Photoshop 中的相关工具进行设计制作，完成后的效果如图 9-244 所示。

图 9-244

※ 思路解析

图片型页尾可以补充描述页不完善的地方。本实例首先制作底图，其次制作功能块，最后制作返回顶部按钮，制作流程及思路如图 9-245 所示。

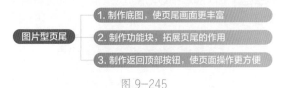

图 9-245

※ 步骤详解

Step01 新建文件。按【Ctrl+N】组合键，执行【新建】命令，在【新建】对话框中，设置【宽度】为 1920 像素，【高度】为 700 像素，【分辨率】为 72 像素 / 英寸，单击【确定】按钮，如图 9-246 所示。

图 9-246

Step02 **填充背景。** 设置前景色为黄色 #fed942，按【Alt+Delete】组合键填充背景，如图 9-247 所示。

图 9-247

Step03 **绘制白云。** 新建图层，使用【钢笔工具】绘制路径，设置前景色为白色 # ffffff，按【Alt+Delete】组合键填充背景，如图 9-248 所示。

图 9-248

Step04 **更改图层不透明度。** 更改【填充】为 31%，如图 9-249 所示。

图 9-249

Step05 **复制白云。** 复制白云，恢复【填充】为 100%，如图 9-250 所示。

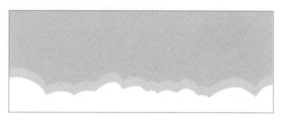

图 9-250

Step05 **绘制白圆。** 使用【椭圆选框工具】创建圆形选区，填充白色 #ffffff，如图 9-251 所示。

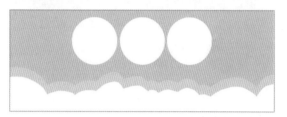

图 9-251

Step07 **添加描边图层样式。** 双击图层，在【图层样式】对话框中，选中【描边】复选框，设置【大小】为 4 像素，描边颜色为黄色 # f8c803，如图 9-252 所示。

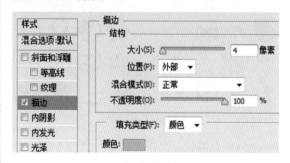

图 9-252

Step08 **添加投影图层样式。** 双击图层，在打开的【图层样式】对话框中，选中【投影】复选框，设置【不透明度】为 100%，【角度】为 120 度，【距离】为 5 像素，【扩展】为 0%，【大小】为 18 像素，选中【使用全局光】复选框，如图 9-253 所示。

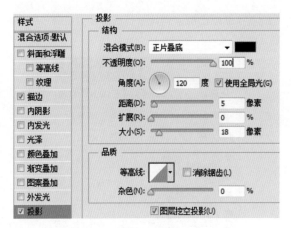

图 9-253

Step09 添加蚂蚁素材。打开"网盘\素材文件\第 9 章\蚂蚁 .tif"文件，将其拖动到当前文件中，如图 9-254 所示。

图 9-254

Step10 添加文字。使用【横排文字工具】T,输入文字，设置字体为汉仪大黑简，字体大小为 51 点，颜色为绿色 #297e07，如图 9-255 所示。

图 9-255

Step11 继续添加文字。使用【横排文字工具】T,

输入下方文字，设置字体为黑体，字体大小为 26 点，如图 9-256 所示。

图 9-256

Step12 添加字母。使用【横排文字工具】T,输入字母，设置字体为 Dutch801 XBd BT，字体大小为 30 点，颜色为绿色 #297e07，如图 9-257 所示。

图 9-257

Step13 绘制箭头。使用【钢笔工具】绘制路径，如图 9-258 所示。

图 9-258

Step14 设置画笔大小和硬度。选择【画笔工具】，在选项栏的【画笔预设选取器】下拉面板中，设置【大小】为 6 像素，【硬度】为 64%，如图 9-259 所示。

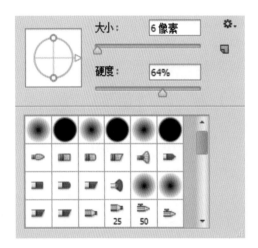

图 9-259

Step15 **设置画笔间距。** 按【F5】键，打开【画笔】面板，设置【间距】为105%，如图 9-260 所示。

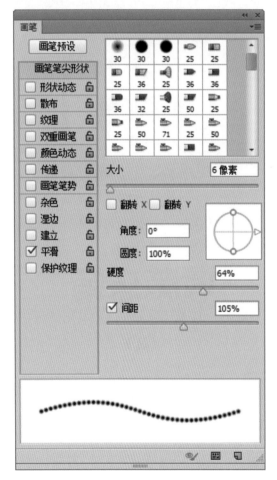

图 9-260

Step16 **新建图层。** 新建并选中图层，如图 9-261 所示。

图 9-261

Step17 **描边路径。** 在【路径】面板中，单击【用画笔描边路径】按钮 ○，如图 9-262 所示。描边路径效果如图 9-263 所示。

图 9-262

图 9-263

Step18 **创建圆形选区**。使用【椭圆选框工具】 创建圆形选区，如图 9-264 所示。

图 9-264

Step19 **描边选区**。新建图层，执行【编辑】→【描边】命令，在打开的【描边】对话框中，设置【宽度】为 5 像素，描边颜色为绿色 #9bcf03，【位置】为居中，如图 9-265 所示。

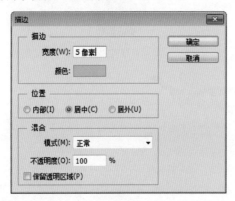

图 9-265

Step20 **添加字母**。使用【横排文字工具】 输入字母，设置字体为 Dutch801 XBd BT，字体大小为 40 点，颜色为绿色 #a6d51d，如图 9-266 所示。

图 9-266

Step21 **复制内容**。复制前面相似图像，更改文字内容，如图 9-267 所示。

图 9-267

Step22 **继续复制内容**。复制前面相似图像，更改文字内容，并适当调整字距和位置，效果如图 9-268 所示。

图 9-268

专家点拨

　　当【移动工具】 处于选中状态时，按【→】【←】【↑】【↓】方向键可以细微调整目标图层中的图像位置。

　　按【Alt+←】组合键，可以快速缩小字距；按【Alt+→】组合键，可以快速增大字距。

Step23 **添加火箭素材**。打开"网盘\素材文件\第 9 章\火箭 .tif"文件，将其拖动到当前文件中，如图 9-269 所示。

图 9-269

Step24 创建红圆。新建图层，使用【椭圆选框工具】创建圆形选区，填充红色 #ff0000，如图 9-270 所示。

图 9-270

Step25 添加文字。使用【横排文字工具】输入文字，设置字体为汉仪中黑简，字体大小为 31 点，颜色为白色 #ffffff，效果如图 9-271 所示。

图 9-271

Step26 绘制线条。新建图层，设置前景色为白色 #ffffff。选择【直线工具】，在选项栏中，选择【像素】选项，设置【描边】为无，【粗细】为 4 像素，拖动鼠标绘制线条，如图 9-272 所示。

图 9-272

 **专家点拨**

按【D】键可以快速恢复默认前（背）景色。（前景色为黑色，背景色为白色）。

按【X】键，可以快速切换前景色和背景色。

美工经验

宝贝详情页包括哪些内容

宝贝详情页就是详细介绍宝贝情况的页面，包含了产品及要传达给顾客的所有信息，好的详情页视觉清晰，信息传达准确，能进一步激发顾客的购买欲望。详情页设计是整个产品销售过程中的重点，详情页设计的好坏决定了宝贝的转化率。

下面介绍宝贝详情页的常见组成。

（1）页面头部：LOGO、店招等。

（2）页面尾部：与头部展示风格呼应。

页尾是一个公用固定区域，会出现在店铺的每一个页面。它是一个自定义区域，没有预置的模块。需要卖家自行填充相关图文或代码。

页尾通常服务于新买家，对整个店铺有总结性的作用。一般在页面最底端提供店铺的品牌介绍，加深品牌塑造；物流售后流程，让顾客放心购买；发货须知、买家必读可减少因发货引起的差评率，如图

9-273 所示。

图 9-273

页尾除了能服务于买家，还能服务于卖家，如【收藏本店】链接，可以提高顾客的下次购买率；在线客服展示，可以帮助顾客快速与客服取得联系；友情链接，可以帮助友情店铺增加流量；产品分类展示，可以减少产品跳失率，这些都是提高用户体验的好方法，如图 9-274 所示。

图 9-274

（3）侧面：客服中心、店铺公告（工作时间、发货时间）、宝贝分类、自定义模块（如销量排行榜等）展示清晰即可。

（4）详情页核心页面：单件宝贝的具体描述展示。

宝贝描述包括产品简介、产品参数、使用方法、注意事项、公司介绍、公司实力、联系方式等一整套内容，要注意图表结合，图文并茂，细节方面要做好，争取让客户看到产品描述就能完全了解产品，不用再去询问客服，这样客户对产品没有疑问，就会直接询价，增加成交的概率，如图 9-275 所示。

图 9-275

9.2　同步实训

通过前面内容的学习，相信读者已熟悉了在 Photoshop 中，进行宝贝描述页和页尾设计的方法。为了巩固所学内容，下面安排两个同步训练，读者可以结合思路解析自己动手强化练习。

075 实训：简洁型页尾

※ 案例说明

简洁型页尾是简洁清爽的页尾，可以使用 Photoshop 中的相关工具进行设计制作。完成后的效果如图 9-276 所示。

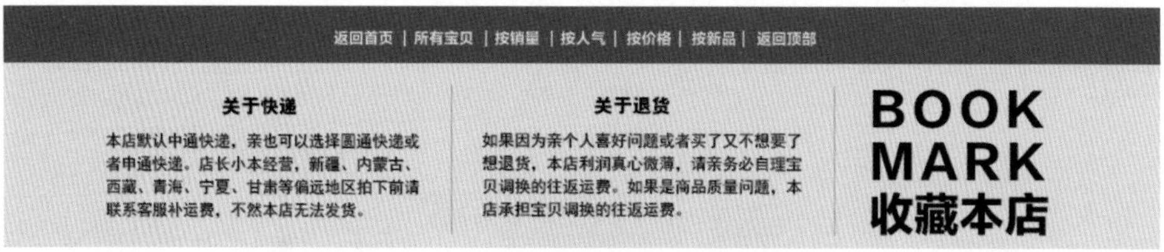

图 9-276

※ 思路解析

简洁型页尾通常应用于简洁的描述页中，起到补充完整的作用。本实例首先制作分类条，其次制作补充文字，最后制作收藏区，制作流程及思路如图 9-277 所示。

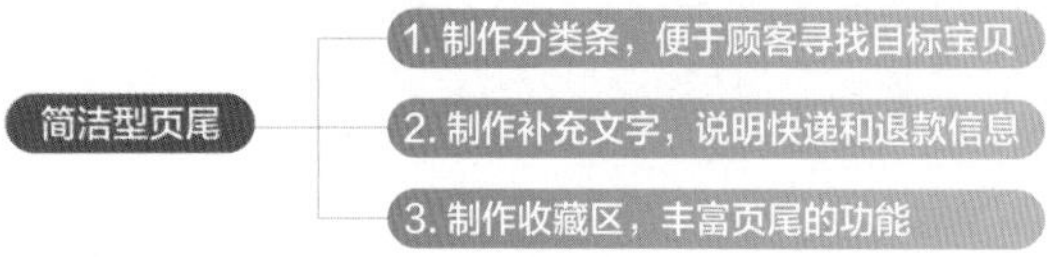

简洁型页尾
1. 制作分类条，便于顾客寻找目标宝贝
2. 制作补充文字，说明快递和退款信息
3. 制作收藏区，丰富页尾的功能

图 9-277

※ 关键步骤

关键步骤一： 新建文件。按【Ctrl+N】组合键，执行【新建】命令，在【新建】对话框中，设置【宽度】为 640 像素，【高度】为 220 像素，【分辨率】为 72 像素 / 英寸，单击【确定】按钮。

关键步骤二： 填充背景。设置前景色为浅蓝色 # e5e7fa，按【Alt+Delete】组合键，填充前景色。

关键步骤三： 创建矩形选区。使用【矩形选框工具】创建选区，填充蓝色 #0d1ef4。

关键步骤四： 添加文字。使用【横排文字工具】输入文字，设置字体为方正兰亭大黑，字体大小为 14 点，颜色为白色 #ffffff。

关键步骤五： 绘制直线。新建图层，选择【直线工具】，在选项栏中，选中【像素】复选框，设置【粗细】为 2 像素，拖动鼠标绘制多根直线。

关键步骤六： 添加文字。使用【横排文字工具】输入文字，设置字体为汉仪粗黑简，字体大小为 18 点，颜色为黑色 #000000。使用【横排文字工具】输入关于快递和关于退货的说明文字，设置字体为黑体，字体大小为 15 点，颜色为黑色 #000000。

关键步骤七： 绘制直线。新建图层，设置前景色为灰色 #acacac，选择【直线工具】，在选项栏中，选中【像素】复选框，设置【粗细】为 1 像素，拖动鼠标绘制多根直线。

关键步骤八： 添加文字。使用【横排文字工具】输入文字，设置字体为方正兰亭大黑，字体大小为 42 点，颜色为黑色 #000000。

076 实训：简约描述页

※ 案例说明

简约描述页是简约风格的描述页，可以使用

Photoshop 中的相关工具进行设计制作。完成后的效果如图 9-278 所示。

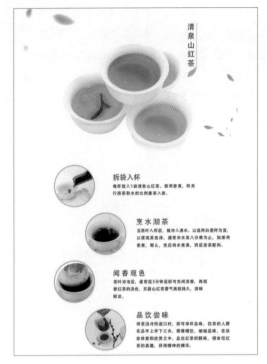

图 9-278

※ 思路解析

制作简约描述页时，要掌握好内容和留白之间的关系。本实例首先制作落叶效果，其次制作宝贝展示区，最后制作冲泡流程区，制作流程及思路如图 9-279 所示。

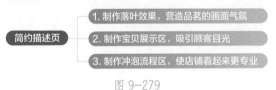

图 9-279

※ 关键步骤

关键步骤一： 新建文件。按【Ctrl+N】组合键，执行【新建】命令，设置【宽度】【高度】和【分辨率】，单击【确定】按钮。

关键步骤二： 添加叶子素材。打开 "网盘 \ 素材文件 \ 第 9 章 \ 叶子 .tif" 文件，将其添加到当前文件中。

关键步骤三： 复制叶子。选中部分叶子，复制图像，并调整大小和位置。更改叶子图层【不透明度】为 76%。

关键步骤四： 添加茶素材。打开 "网盘 \ 素材文件 \ 第 9 章 \ 茶 .tif" 文件，将其添加到当前文件中。为图层添加图层蒙版。使用黑色【画笔工具】 修改蒙版。

关键步骤五： 添加文字。使用【直排文字工具】 输入文字，设置字体为黑体，字体大小为 25 点，颜色为深灰色 #3d3d3d。

关键步骤六： 绘制叶子。选择【自定形状工具】 ，在【自定形状】下拉列表框中，选择叶子 3。设置前景色为绿色 #a1c879，新建图层，拖动鼠标绘制叶子。

关键步骤七： 变形叶子。调整叶子的位置和旋转角度，执行【编辑】→【变换】→【变形】命令，变形叶子。使用【橡皮擦工具】 擦除多余图像。

关键步骤八： 绘制绿竖线。新建图层，选择【直线工具】 ，在选项栏中，设置【粗细】为 1 像素，拖动鼠标绘制线条。

关键步骤九： 绘制圆形。新建图层，使用【椭圆选框工具】 创建圆形选区，填充任意颜色。

关键步骤十： 添加描边图层样式。双击图层，在【图层样式】对话框中，选中【描边】复选框，设置【大小】为 3 像素，描边颜色为浅绿色 # a1c879。

关键步骤十一： 添加入杯素材。打开 "网盘 \ 素材文件 \ 第 9 章 \ 入杯 .jpg" 文件，将其添加到当前文件中，执行【图层】→【创建剪贴蒙版】命令，创建剪贴蒙版。

关键步骤十二： 添加文字。使用【横排文字工具】 输入文字，设置字体为黑体，字体大小为 24 点，颜色为深灰色 #56483a。在【字符】面板中，设置字距为 215 点。使用【横排文字工具】 输入段落文字，设置字体为黑体，字体大小为 14 点，颜色为深灰色 #56483a。

　　关键步骤十三： 添加沏茶素材。使用相同的方法创建圆 2，打开 "网盘 \ 素材文件 \ 第 9 章 \ 沏茶 .jpg" 文件，将其添加到当前文件中，并创建剪贴蒙版，使用相同的的方法添加沏茶说明文字。

　　关键步骤十四： 添加闻香素材。使用相同的方法创建圆 3，打开 "网盘 \ 素材文件 \ 第 9 章 \ 闻香 .jpg" 文件，将其添加到当前文件中，并创建剪贴蒙版，使用相同的方法添加闻香说明文字。

　　关键步骤十五： 添加品饮素材。使用相同的方法创建圆 4，打开 "网盘 \ 素材文件 \ 第 9 章 \ 品饮 .jpg" 文件，将其添加到当前文件中，并创建剪贴蒙版。使用相同的方法添加品饮说明文字。

第 10 章
主图和推广图设计

本章导读

　　图片是直观地展示宝贝的最佳手段，而主图、推广图设计是推销宝贝的重点，本章将学习使用 Photoshop 进行店铺主图、推广图设计，希望读者学习后能举一反三，做好店铺主图和推广图设计。

知识要点

☆ 介绍类主图 　　　　　　　　　　☆ 营销类主图
☆ 展示类主图 　　　　　　　　　　☆ 质感类主图
☆ 夸张直通车推广图 　　　　　　　☆ 简约钻展推广图
☆ 直观类主图 　　　　　　　　　　☆ 场景类主图

案例展示

10.1 主图和推广图设计实例

产品主图和推广图都是顾客进入店铺的重要途径，能传递产品形象和定位，在店铺装修中，它们是非常重要的。

077 实战：介绍类主图

※ 案例说明

介绍类主图设计重在介绍宝贝，可以使用 Photoshop 中的相关工具进行设计制作，完成后的效果如图 10-1 所示。

图 10-1

※ 思路解析

介绍类主图设计展示空间有限，但需要展示宝贝的重要信息。本实例首先制作底图，其次添加宝贝内容，最后添加说明文字，制作流程及思路如图 10-2 所示。

图 10-2

※ 步骤详解

Step01 **新建文件**。按【Ctrl+N】组合键，执行【新建】命令，打开【新建】对话框，设置【宽度】为 800 像素，【高度】为 800 像素，【分辨率】为 72 像素 / 英寸，单击【确定】按钮，如图 10-3 所示。

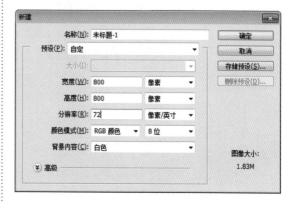

图 10-3

Step02 **绘制洋红条**。使用【矩形选框工具】绘制选区，填充洋红色 #f02896，效果如图 10-4 所示。

图 10-4

Step03 **添加玫瑰素材**。打开"网盘 \ 素材文件 \ 第 10 章 \ 玫瑰 .jpg"文件，将其添加到当前文件中，效果如图 10-5 所示。

图 10-5

Step04 混合图层。更改图层混合模式为正片叠底，如图 10-6 所示，效果如图 10-7 所示。

图 10-6

图 10-7

Step05 添加宝贝素材。打开"网盘\素材文件\第 10 章\护肤品 .jpg"文件，添加到当前文件中，效果如图 10-8 所示。

图 10-8

Step06 添加投影图层样式。双击图层，在打开

的【图层样式】对话框中，选中【投影】复选框，设置【不透明度】为 50%，【角度】为 120 度，【距离】为 5 像素，【扩展】为 0%，【大小】为 5 像素，选中【使用全局光】复选框，如图 10-9 所示。效果如图 10-10 所示。

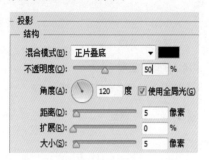

图 10-9

图 10-10

Step07 添加文字。使用【横排文字工具】输入文字，设置字体为黑体和汉仪秀英体简，字体大小分别为 61 点和 80 点，颜色为洋红色 #f02896，如图 10-11 所示。

图 10-11

Step08 添加描边图层样式。在【图层样式】对话框中，选中【描边】复选框，设置【大小】为 5 像素，描边颜色为白色 #ffffff，如图 10-12 所示。

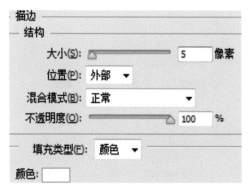

图 10-12

Step09 添加投影图层样式。在打开的【图层样式】对话框中，选中【投影】复选框，设置【不透明度】为 75%，投影颜色为洋红色 #ec128c，【角度】为 120 度，【距离】为 5 像素，【扩展】为 0%，【大小】为 8 像素，选中【使用全局光】复选框，如图 10-13 所示。效果如图 10-14 所示。

图 10-13

图 10-14

078 实战：营销类主图

※ 案例说明

　　营销类主图设计重在营销宝贝，可以使用 Photoshop 中的相关工具进行设计制作，完成后的效果如图 10-15 所示。

图 10-15

※ 思路解析

　　营销类主图设计可以赋予消费者想象空间，达到营销目的。本实例首先制作生产场景，其次制作标语内容，最后添加说明文字，制作流程及思路如图 10-16 所示。

图 10-16

※ 步骤详解

Step01 新建文件。按【Ctrl+N】组合键，执行【新建】命令，打开【新建】对话框，设置【宽度】为 800 像素，【高度】为 800 像素，【分辨率】为 72 像素 / 英寸，单击【确定】按钮，如图 10-17 所示。

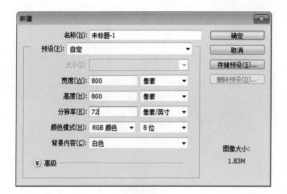

图 10-17

Step02 设置渐变。选择【渐变工具】■，设置前景色为白色 #ffffff，背景色为浅黄色 #fdfabc，在选项栏中，选择前景色到背景色渐变色，单击【径向渐变】按钮■，如图 10-18 所示。

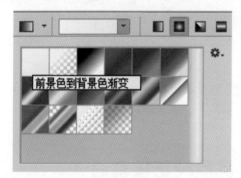

图 10-18

Step03 填充渐变色。从中心向外拖动鼠标填充渐变色，效果如图 10-19 所示。

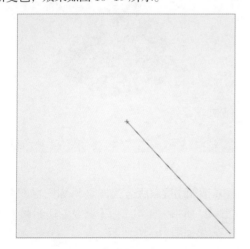

图 10-19

Step04 添加水波油素材。打开"网盘\素材文件\第 10 章\水波油 .tif"文件，将其拖动到当前文件中，效果如图 10-20 所示。

图 10-20

Step05 添加图层蒙版。为图层添加图层蒙版，如图 10-21 所示。使用黑色【画笔工具】■修改蒙版，效果如图 10-22 所示。

图 10-21

图 10-22

Step06 **添加核桃素材。** 打开"网盘＼素材文件＼第 10 章＼核桃 .tif"文件，将其拖动到当前文件中，效果如图 10-23 所示。

图 10-23

Step07 **复制核桃。** 复制核桃图层，调整大小和位置，效果如图 10-24 所示。

图 10-24

专家答疑

问：为什么要复制核桃图层？

答：复制核桃图层后，整体画面更加饱满，使核桃的层次更加丰富，能够从视觉上更加突出核桃和油的价值。

Step08 **添加文字。** 使用【横排文字工具】，输入文字，设置字体为汉仪粗圆简，字体大小为 52 点，颜色为深黄色 #621a02，效果如图 10-25 所示。

图 10-25

Step09 **绘制长条。** 使用【矩形选框工具】，绘制选区，填充深黄色 #621a02，效果如图 10-26 所示。

图 10-26

Step10 **添加图层蒙版。** 为图层添加图层蒙版，如图 10-27 所示。使用黑白【渐变工具】修改蒙版，效果如图 10-28 所示。

图 10-27

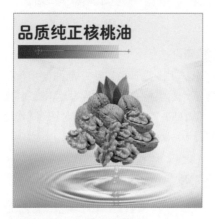

图 10-28

Step11 添加文字。使用【横排文字工具】T，输入文字，设置字体为微软雅黑，字体大小为 38 点，颜色为白色 #ffffff，效果如图 10-29 所示。

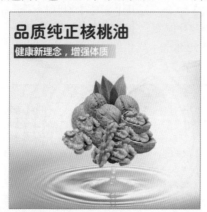

图 10-29

Step12 添加文字。使用【横排文字工具】T，输入文字，设置字体为微软雅黑，字体大小为 34

点，颜色为深黄色 #7e3015，效果如图 10-30 所示。

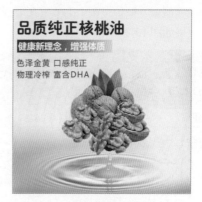

图 10-30

Step13 添加油浪素材。打开"网盘\素材文件\第 10 章\油浪 .tif"文件，将其拖动到当前文件中，效果如图 10-31 所示。

图 10-31

Step14 添加油碗素材。打开"网盘\素材文件\第 10 章\油碗 .tif"文件，将其拖动到当前文件中，效果如图 10-32 所示。

图 10-32

Step15 添加图层蒙版。为图层添加图层蒙版，如图 10-33 所示。使用黑色【画笔工具】 修改蒙版，效果如图 10-34 所示。

图 10-33

图 10-34

079 实战：展示类主图

※ 案例说明

展示类主图设计重在展示宝贝，可以使用 Photoshop 中的相关工具进行设计制作，完成后的效果如图 10-35 所示。

图 10-35

※ 思路解析

展示类主图设计可以使产品的使用价值得到完美展示。本实例首先营造冬季氛围，其次制作宝贝展示效果，最后添加说明文字，制作流程及思路如图 10-36 所示。

图 10-36

※ 步骤详解

Step01 新建文件。按【Ctrl+N】组合键，执行【新建】命令，打开【新建】对话框，设置【宽度】为 800 像素，【高度】为 800 像素，【分辨率】为 72 像素 / 英寸，单击【确定】按钮，如图 10-37 所示。

图 10-37

Step02 **添加雪景素材。** 打开"网盘\素材文件\第 10 章\雪景 .jpg"文件，将其拖动到当前文件中，效果如图 10-38 所示。

图 10-38

Step03 **添加图层蒙版。** 为图层添加图层蒙版，如图 10-39 所示。使用【渐变工具】■修改蒙版，效果如图 10-40 所示。

图 10-39

图 10-40

Step04 **添加模特素材。** 打开"网盘\素材文件\第 10 章\试穿效果 .tif"文件，将其拖动到当前文件中，效果如图 10-41 所示。

图 10-41

Step05 **添加投影图层样式。** 双击图层，打开【图层样式】对话框，选中【投影】复选框，设置【不透明度】为 14%，【角度】为 120 度，【距离】为 12 像素，【扩展】为 0%，【大小】为 11 像素，选中【使用全局光】复选框，如图 10-42 所示。

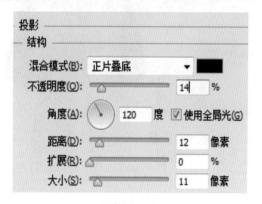

图 10-42

Step06 **添加宝贝素材。** 打开"网盘\素材文件\第 10 章\冬装 .tif"文件，将其拖动到当前文件中，效果如图 10-43 所示。

图 10-43

Step07 **添加文字。** 使用【横排文字工具】 图
输入文字，设置字体为文鼎特粗宋简和汉仪超粗
黑简，字体大小分别为 60 点和 145 点，颜色为黑
色 #000000 和红色 #f30e1b，如图 10-44 所示。

图 10-44

Step08 **继续添加文字。** 使用【横排文字工
具】 图 输入文字，设置字体为文鼎特粗宋简
和汉仪超粗黑简，字体大小为 88 点，颜色为黑
色 #000000，效果如图 10-45 所示。

图 10-45

Step09 **绘制长条。** 使用【矩形选框工具】 图
绘制选区，填充深红色 #bc0611 和黑色 # 000000，
如图 10-46 所示。

图 10-46

Step10 **添加文字。** 使用【横排文字工具】 图
输入文字，设置字体为微软雅黑，字体大小为 50
点，颜色为白色 #ffffff，效果如图 10-47 所示。

图 10-47

专家点拨

　　红色带给人温暖、热情的心理感受。本主图整体为冷色，配上少量大红色，更能带给人冰雪世界中温暖的感觉。

080 实战：质感类主图

※ 案例说明

　　质感类主图设计重在画面质感，可以使用 Photoshop 中的相关工具进行设计制作，完成后的效果如图 10-48 所示。

图 10-48

※ 思路解析

　　质感类展示设计通常需要突出宝贝的材质，

通过外观吸引顾客。本实例首先制作质感宝贝展示效果，其次制作主体文字，最后制作立即抢购小标语，制作流程及思路如图 10-49 所示。

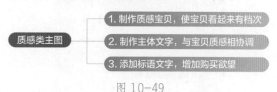

图 10-49

※ 步骤详解

Step01 新建文件。 按【Ctrl+N】组合键，执行【新建】命令，打开【新建】对话框，设置【宽度】为 800 像素，【高度】为 800 像素，【分辨率】为 72 像素 / 英寸，单击【确定】按钮，如图 10-50 所示。

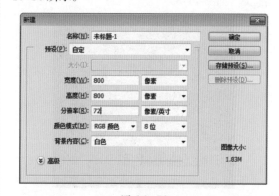

图 10-50

Step02 填充背景和绘制长条。 为背景填充黑色 #000000，使用【矩形选框工具】 ⬚ 创建选区，填充灰色 #23262b，效果如图 10-51 所示。

图 10-51

Step03 填充图层颜色。单击【锁定透明像素】按钮■，锁定透明像素，如图 10-52 所示。

图 10-52

Step04 绘制高光。使用白色【画笔工具】✓绘制高光，如图 10-53 所示。

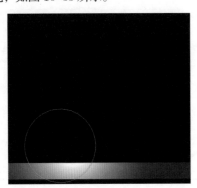

图 10-53

Step05 添加水壶素材。打开"网盘\素材文件\第 10 章\水壶 .tif"文件，将其拖动到当前文件中，效果如图 10-54 所示。

图 10-54

Step06 绘制白圆。使用【椭圆选框工具】◯创

建圆形选区，如图 10-55 所示。

图 10-55

Step07 羽化选区。按【Shift+F6】组合键，执行【羽化选区】命令，打开【羽化选取】对话框，设置【羽化半径】为 20 像素，单击【确定】按钮，如图 10-56 所示。

图 10-56

Step08 填充选区。新建投影图层，设置前景色为黑色 #000000，按【Alt+Delete】组合键为选区填充颜色，效果如图 10-57 所示。

图 10-57

Step09 调整图层顺序。将投影图层移动到水壶图层下方，如图 10-58 所示。

图 10-58

Step10 **添加文字。** 使用【横排文字工具】T，输入文字，设置字体为方正超粗黑简体，字体大小为 145 点，颜色为白色 #ffffff，效果如图 10-59 所示。

图 10-59

Step11 **定义图案。** 打开"网盘 \ 素材文件 \ 第 10 章 \ 图案 .jpg"文件，执行【编辑】→【定义图案】命令，在出现的【图案名称】对话框中设置名称后，单击【确定】按钮，如图 10-60 所示。

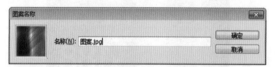

图 10-60

专家答疑

问：定义图案有什么作用？

答：定义图案后，可以将图案应用到其他有图案选项的命令中，如应用到图案叠加图层样式中，还可以调整图案的缩放比例等参数。

Step12 **添加斜面和浮雕图层样式。** 双击文字图层，在打开的【图层样式】对话框中，选中【斜面和浮雕】复选框，设置【样式】为外斜面，【方法】为雕刻清晰，【深度】为 100%，【方向】为下，【大小】为 5 像素，【软化】为 0 像素，【角度】为 120 度，【高度】为 30 度，【高光模式】

为滤色，【不透明度】为 75%，【阴影模式】为正片叠底，【不透明度】为 75%，如图 10-61 所示。

图 10-61

Step13 **添加渐变叠加图层样式。** 选中【渐变叠加】复选框，设置【样式】为线性，【角度】为 90 度，【缩放】为 100%，单击渐变色条，如图 10-62 所示。

图 10-62

Step14 **设置渐变色。** 在【渐变编辑器】对话框中，设置渐变色标为白色 #ffffff、深灰色 #939393、浅灰色 #dedede，如图 10-63 所示。

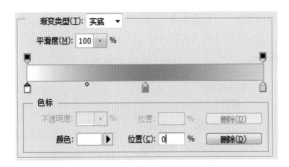

图 10-63

Step15 添加图案叠加图层样式。选中【图案叠加】复选框，设置【图案】为前面定义的图案，【缩放】为 100%，如图 10-64 所示。

图 10-64

Step16 添加字母。使用【横排文字工具】，输入字母，设置字体为黑体，字体大小为 55 点，颜色为白色 #ffffff，效果如图 10-65 所示。

图 10-65

Step17 添加数字。使用【横排文字工具】，输入数字，设置字体为 Myriad Pro，字体大小为 158 点，颜色为白色 #ffffff，效果如图 10-66 所示。

图 10-66

Step18 创建矩形选区。使用【矩形选框工具】，创建选区，按【Ctrl+T】组合键，执行自由变换操作，调整旋转角度和位置，填充红色 #e60012，效果如图 10-67 所示。

图 10-67

Step19 添加文字。使用【横排文字工具】，输入文字，设置字体为黑体，字体大小为 50 点，颜色为白色 #ffffff，效果如图 10-68 所示。

图 10-68

081 实战：夸张直通车推广图

※ 案例说明

夸张直通车推广图设计重在夸张，不走寻常路，使用 Photoshop 中的相关工具进行设计制作，完成后的效果如图 10-69 所示。

图 10-69

※ 思路解析

夸张直通车推广图设计没有固定的模式，却能吸引人的点击欲望。本实例首先制作装饰背景，其次添加夸张人物，最后添加悬疑文字，制作流程及思路如图 10-70 所示。

图 10-70

※ 步骤详解

Step01 **新建文件**。按【Ctrl+N】组合键，执行【新建】命令，在打开的【新建】对话框中，设置【宽度】为 800 像素，【高度】为 800 像素，【分辨率】为 72 像素 / 英寸，单击【确定】按钮，如图 10-71 所示。

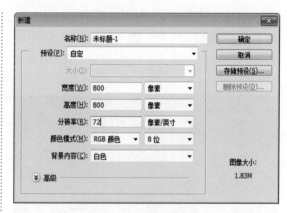

图 10-71

Step02 **填充背景**。设置前景色为紫红色 #c4115e，按【Alt+Delete】组合键为背景填充颜色，效果如图 10-72 所示。

图 10-72

Step03 **创建矩形选区**。使用【矩形选框工具】创建选区，按【Ctrl+T】组合键，执行自由变换操作，调整旋转角度和位置，填充蓝色 #382574，效果如图 10-73 所示。

图 10-73

Step04 **添加图层蒙版。** 在【图层】面板中，单击【添加图层蒙版】按钮■，为图层添加图层蒙版，使用黑白【渐变工具】■修改蒙版，效果如图 10-74 所示。

图 10-74

Step05 **混合图层。** 更改图层混合模式为正片叠底，如图 10-75 所示。

图 10-75

Step06 **创建绿条图层。** 使用相同的方法创建绿条图层，并添加和修改图层蒙版，如图 10-76 所示，效果如图 10-77 所示。

图 10-76

图 10-77

Step07 **创建红条图层。** 使用相同的方法创建红条图层，并添加和修改图层蒙版，更改图层混合模式为划分，如图 10-78 所示，效果如图 10-79 所示。

图 10-78

图 10-79

Step08 **添加文字。**使用【横排文字工具】T，输入文字，设置字体为方正兰亭大黑和方正综艺简体，字体大小为 83 点和 97 点，颜色为白色 #ffffff，效果如图 10-80 所示。

图 10-80

问：什么是淘宝直通车？

答：淘宝直通车是为专职淘宝卖家量身定制的，按点击付费的效果营销工具，为卖家实现宝贝的精准推广。它用一个点击，让买家进入店铺，产生店铺内跳转流量。

Step09 **继续添加文字。**使用【横排文字工具】T，输入文字，设置字体为黑体，字体大小为 60 点，颜色为黄色 #fff100，效果如图 10-81 所示。

图 10-81

Step10 **添加人物素材。**打开"网盘 \ 素材文件 \ 第 10 章 \ 人物 .tif"文件，将其拖动到当前文件中，移动到文字图层下方，最终效果如图 10-82 所示。

图 10-82

082 实战：简约钻展推广图

※ 案例说明

钻石展位是专为有更高推广需求的卖家量身定制的广告推广位，可以使用 Photoshop 中的相关工具进行设计制作，完成后的效果如图 10-83

所示。

图 10-83

※ 思路解析

    钻石展位精选了淘宝最优质的展示位置，通过竞价排序，按照展现计费，性价比高。本实例首先制作独轮图像效果，其次制作主题文字，最后制作按钮，制作流程及思路如图 10-84 所示。

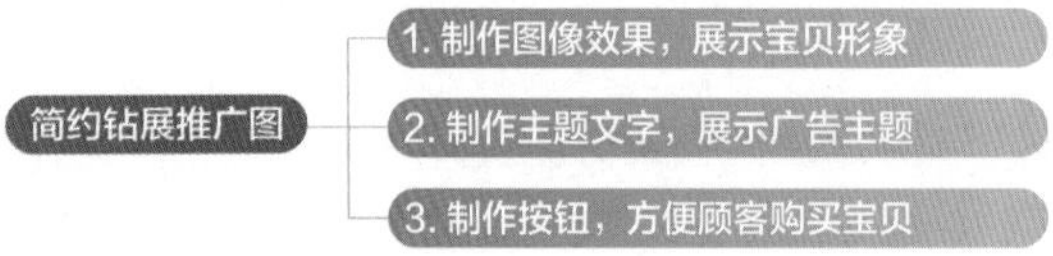

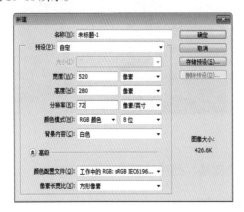

图 10-84

※ 步骤详解

Step01 **新建文件**。按【Ctrl+N】组合键，执行【新建】命令，在弹出的【新建】对话框中，设置【宽度】为 520 像素，【高度】为 280 像素，【分辨率】为 72 像素 / 英寸，单击【确定】按钮，如图 10-85 所示。

图 10-85

Step02 **填充背景**。设置前景色为浅绿色 #e7f4e7，按【Alt+Delete】组合键为背景填充颜色，效果如

图 10-86 所示。

图 10-86

Step03 **打开素材**。打开 "网盘 \ 素材文件 \ 第 10 章 \ 白独轮 .tif 和黑独轮 .tif 文" 件，效果如图 10-87 所示。

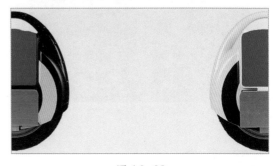

图 10-87

Step04 **添加素材**。将素材拖动到当前文件中，并调整位置，效果如图 10-88 所示。

图 10-88

Step05 **添加文字**。使用【横排文字工具】 **T** 输入文字，设置字体为微软雅黑和方正超粗黑简体，字体大小为 54 点，颜色为黑色 #ffffff 和绿色 #0b8c08，效果如图 10-89 所示。

图 10-89

Step06 继续添加文字。使用【横排文字工具】,
输入文字,设置字体为微软雅黑,字体大小为
20 点,颜色为红色 #e60012,效果如图 10-90
所示。

图 10-90

Step07 绘制圆角矩形。新建图层,选择工具箱
中的【圆角矩形工具】,在属性栏中,选择
【路径】复选框,设置【半径】为 5 像素,拖动
鼠标左键绘制对象,效果如图 10-91 所示。

图 10-91

Step08 描边选区。按【Ctrl+Enter】组合键,载
入路径选区。执行【编辑】→【描边】命令,在

打开的【描边】对话框中,设置【宽度】为 1 像
素,颜色为红色 e60012,单击【确定】按钮,效
果如图 10-92 所示。

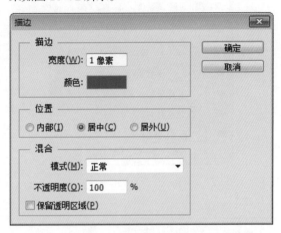

图 10-92

Step09 绘制多边形。选择【路径工具】,绘
制路径,载入选区后填充红色 #ff0000,效果如图
10-93 所示。

图 10-93

Step10 创建矩形选区。新建图层,使用【矩形
选框工具】创建选区,填充深红色 #c00202,
效果如图 10-94 所示。

图 10-94

Step11 创建剪贴蒙版。执行【图层】→【创建
剪贴蒙版】命令,创建剪贴蒙版,如图 10-95 所
示。剪贴蒙版效果如图 10-96 所示。最终效果如

图 10-97 所示。

图 10-95

图 10-96

图 10-97

问：什么是钻石展位？

答：钻石展位是精选了淘宝最优质的展示位置，通过竞价排序，按照展现计费。它性价比高，更适于店铺、品牌的推广。所以对于中小卖家来说不太适合。

主图的重要性

主图就是宝贝留给顾客的第一印象，第一印象在淘宝上至关重要。因此，很多卖家都在不断地优化着主图。

影响主图点击的主要因素有主图构图、产品款式、产品价格、周围竞品，以及相关性。主图的构成和周围竞品直接相关，一张图片在不同的阶段点击率出现大幅的波动，那么最可能的原因就是周围的竞品影响了自己产品的点击。首先，要考虑到产品的款式最基本的点是否应季；其次，要考虑到应对的客户群体及准提承受产品价格的能力。

款式可以紧扣时尚，也可以打性价比，打温情主题，在视觉上做出差异是最佳选择，当然最惨的就是去打价格战，但这恰恰也是淘宝最常见的一种营销手段，很多卖家，一卖不动就选择主动降价，价格成为最主要的营销手段，从来没有想过其他的方法，永远不要忘记，淘宝主要是通过图片吸引顾客的，如图 10-98 所示。

图 10-98

图 10-98（续）

　　产品质量不足以支撑产品价格的时候往往会导致差评增多，退款增多，推广成本的增高等一系列问题，所以不要脱离产品乱定价格。

10.2　同步实训

083 实训：直观类主图

※ 案例说明

　　直观类主图设计重在直观展示，可以使用 Photoshop 中的相关工具进行设计制作，完成后的效果如图 10-99 所示。

图 10-99

※ 思路解析

　　直观类主图设计所见即所得，顾客想要的一看就能看到。本实例首先制作背景，其次制作宝贝展示，最后添加宣传文字，制作流程及思路如图 10-100 所示。

直观类主图
1. 制作背景，营造温馨场景
2. 制作直观宝贝展示，使细节和色彩得到展示
3. 添加宣传文字，点缀设计效果

图 10-100

※ 关键步骤

　　关键步骤一：新建文件。按【Ctrl+N】组合键，执行【新建】命令，在弹出的【新建】对话框中，设置【宽度】为 800 像素，【高度】为 800 像素，【分辨率】为 72 像素 / 英寸，单击【确定】按钮。

　　关键步骤二：添加花纹和红鞋素材。打开"网盘 \ 素材文件 \ 第 10 章 \ 花纹 .jpg"文件，拖动到当前文件中。打开"网盘 \ 素材文件 \ 第 10 章 \ 红鞋 .tif"文件，拖动到当前文件中。

　　关键步骤三：添加投影图层样式。双击图层，在打开的【图层样式】对话框中，选中【投影】复选框，设置【不透明度】为 51%，【角度】为 120 度，【距离】为 7 像素，【扩展】为 0%，【大小】为 7 像素，选中【使用全局光】复选项。

　　关键步骤四：添加黄鞋和青鞋素材。打开"网盘 \ 素材文件 \ 第 10 章 \ 黄鞋 .tif 和青鞋 .tif"文件，拖动到当前文件中，调整到适当位置。

关键步骤五： 绘制圆。新建图层，使用【椭圆选框工具】 ⬭ 创建圆形选区，填充粉红色 #fdd7ec。

关键步骤六： 绘制圆形。选择工具箱中的【圆形工具】 ⬭ ，在属性栏中，选择【路径】选项，拖动鼠标左键绘制路径。

关键步骤七： 使用【横排文字工具】 T，在路径上单击，输入多个符号"—"，设置字体为黑体，字体大小为 16 点，颜色为粉红色 #ec7292。使用【横排文字工具】 T 输入文字，设置字体为汉仪中圆简，字体大小为 48 点，颜色为粉红色 #ec7292。使用【横排文字工具】 T 左上方输入文字，设置字体为汉仪超粗圆简，字体大小为 64 点，颜色为粉红色 #ec7292。

关键步骤八： 设置画笔。选择【画笔工具】 ✎ ，在选项栏的画笔选取器中，设置【大小】为 10 像素，【硬度】为 100%。

关键步骤九： 绘制线条。使用【吸管工具】 ✐ 分别吸取三双鞋子的主色，分别绘制三根线条。

084 实训：场景类主图

※ 案例说明

场景类主图设计重在展示宝贝的使用场景，可以使用 Photoshop 中的相关工具进行设计制作，完成后的效果如图 10-101 所示。

图 10-101

※ 思路解析

场景类主图设计可以将产品放置于特殊场景中，使购买者联想到宝贝的真实使用体验。本实例首先制作宝贝的实际使用场景，其次添加宝贝，最后添加宣传文字。制作流程及思路如图 10-102

所示。

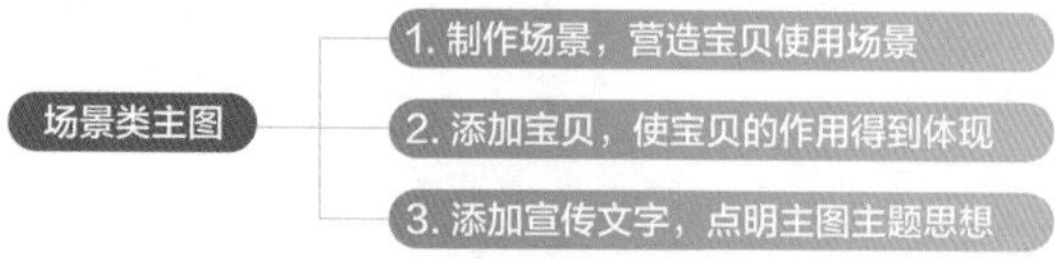

场景类主图 → 1. 制作场景，营造宝贝使用场景
→ 2. 添加宝贝，使宝贝的作用得到体现
→ 3. 添加宣传文字，点明主图主题思想

图 10-102

※ 关键步骤

关键步骤一： 新建文件。按【Ctrl+N】组合键，执行【新建】命令，在打开的【新建】对话框中，设置【宽度】为 800 像素，【高度】为 800 像素，【分辨率】为 72 像素 / 英寸，单击【确定】按钮。

关键步骤二： 添加背景和小路素材。打开"网盘 \ 素材文件 \ 第 10 章 \ 紫色背景 .tif"文件，拖动到当前文件中。打开"网盘 \ 素材文件 \ 第 10 章 \ 小路 .tif"文件，拖动到当前文件中。

关键步骤三： 绘制线条。新建图层，使用黑色【铅笔工具】 ✎ 绘制小路的轮廓线条。

关键步骤四： 添加沙发和树素材。打开"网盘 \ 素材文件 \ 第 10 章 \ 沙发 .tif"文件，拖动到当前文件中。打开"网盘 \ 素材文件 \ 第 10 章 \ 树 .tif"文件，拖动到当前文件中。

关键步骤五： 添加数字。使用【横排文字工具】 T 输入数字，设置字体为方正超粗黑简体，字体大小为 150 点，颜色为黄色 #fff100。在【字符】面板中，单击【仿斜体】按钮 T 。

关键步骤六： 添加文字。使用【横排文字工具】 T 输入文字，设置字体为方正超粗黑简体，字体大小为 64 点，颜色为深黄色 #ffd600。使用【横排文字工具】 T 输入文字，设置字体为方正超粗黑简体，字体大小为 35 点，颜色为黑色 #ffffff。使用【横排文字工具】 T 选中前方的部分黑色文字。在【字符】面板中，单击【仿粗体】按钮 T 。

关键步骤七： 添加描边图层样式。双击上方的文字图层，在打开的【图层样式】对话框中，选中【描边】复选框，设置【大小】为 8 像素，描边颜色为紫色 #8a3b9f，为中间文字图层应用相同的描边。

第 11 章
淘宝活动广告设计

本章导读　　当遇上各种节假日时，淘宝、天猫常常会推出各种活动，进行商品促销，与此同时也为网站做了宣传，从而吸引客流，如"双 11"活动、"6.18"活动、母亲节活动等。本章将学习使用 Photoshop 设计制作活动广告的方法。希望读者通过本章的学习能够掌握基本的操作方法，并学会熟练应用。

知识要点

☆ "双 11"促销活动广告　　　　　　☆ 狂欢圣诞活动页

☆ "6.18"活动广告　　　　　　　　☆ 春季上新活动页

☆ 情人节淘宝活动海报　　　　　　☆ 母亲节淘宝活动海报

案例展示

11.1 淘宝活动广告设计实例

淘宝活动广告设计要充分吸引购买者的眼球，以达到促销的目的。本节将介绍淘宝活动广告设计方法。

085 实战："双 11"促销活动广告

※ 案例说明

"双 11"是淘宝商家最重要的促销日，所以，学会制作"双 11"促销活动广告设计非常重要。可以使用 Photoshop 中的相关工具设计制作"双 11"促销活动广告，完成后的效果如图 11-1 所示。

图 11-1

※ 思路解析

"双 11"购物狂欢节是指每年 11 月 11 日的网络促销日，源于淘宝商城（天猫）2009 年 11 月 11 日举办的促销活动，当时参与的商家数量和促销力度有限，但营业额远超预想的效果，于是 11 月 11 日成为天猫举办大规模促销活动的固定日期。本实例首先制作广告底图，其次制作重点文字，最后添加说明文字和装饰，制作流程及思路如图 11-2 所示。

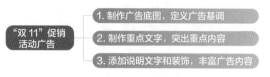

图 11-2

※ 步骤详解

Step01 **新建文件。** 按【Ctrl+N】组合键，执行【新建】命令，在【新建】对话框中设置【宽度】为 950 像素，【高度】为 1276 像素，【分辨率】为 72 像素 / 英寸，单击【确定】按钮，如图 11-3 所示。

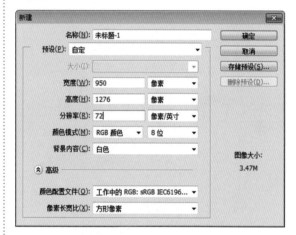

图 11-3

Step02 **设置渐变色。** 选择【渐变工具】，在选项栏中，单击渐变色条，在打开的【渐变编辑器】对话框中，设置渐变色标为紫色 #c635ff、蓝色 #280690、深蓝色 #000068，如图 11-4 所示。

图 11-4

Step03 **填充渐变。** 从上往下拖动鼠标，填充渐变色，效果如图 11-5 所示。

图 11-5

Step04 绘制路径。选择【钢笔工具】 ，新建图层，绘制路径后填充黄色 #fff100，效果如图 11-6 所示。

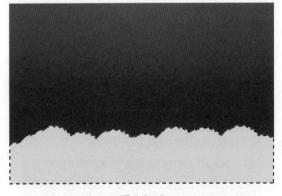

图 11-6

Step05 添加素材。打开"网盘 \ 素材文件 \ 第 11 章 \ 气球 .tif"文件，将其拖动到当前文件中，效果如图 11-7 所示。

图 11-7

Step06 添加文字。使用【横排文字工具】 输入文字，设置字体为方正超粗黑简体，字体大小为 266 和 255 点，效果如图 11-8 所示。

图 11-8

Step07 添加斜面和浮雕图层样式。双击图层，在打开的【图层样式】对话框中，选中【斜面和浮雕】复选框，设置【样式】为内斜面，【方法】为平滑，【深度】为 286%，【方向】为上，【大小】为 4 像素，【软化】为 1 像素，【角度】为 120 度，【高度】为 30 度，【高光模式】为滤色，高光颜色为白色 #ffffff，【不透明度】为 75%，【阴影模式】为正片叠底，阴影颜色为深红色 #760c00，【不透明度】为 75%，如图 11-9 所示。

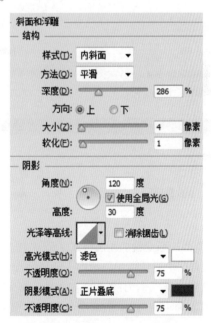

图 11-9

Step08 添加描边图层样式。在【图层样式】对话框中，选中【描边】复选框，设置【大小】为 9 像素，【填充类型】为渐变，【角度】为 0，【缩放】为 100%，单击渐变色条，如图 11-10 所示。

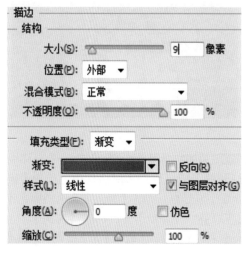

图 11-10

Step09 设置渐变色。选择【渐变工具】，在选项栏中，单击渐变色条，在打开的【渐变编辑器】对话框中，设置渐变色标为洋红色 # c71251、深粉色 #c9188e、紫色 #a813ad，蓝紫色 #543282，如图 11-11 所示。

图 11-11

Step10 添加渐变叠加图层样式。双击图层，在【图层样式】对话框中，选中【渐变叠加】复选框，设置【样式】为线性，【角度】为 90 度，【缩放】为 138%，单击渐变色条，如图 11-12 所示。

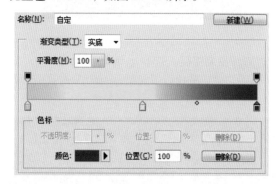

图 11-12

Step11 设置渐变色。在【渐变编辑器】对话框中，设置渐变色标为黄色 #ffe10、黄色 # ffe100、泥土色 #7b1000，如图 11-13 所示。

图 11-13

Step12 继续添加文字。使用【横排文字工具】，输入下方文字，设置字体为汉仪琥珀体简，字体大小为 111 点，效果如图 11-14 所示。

图 11-14

Step13 复制粘贴图层样式。复制上方的图层样式，粘贴到下方文字中，效果如图 11-15 所示。

图 11-15

Step14 添加文字。使用【横排文字工具】$\boxed{T}$，输入下方文字，设置字体为汉仪综艺体简，字体大小为 77 点，颜色为深红色 #591d0e，效果如图 11-16 所示。

图 11-16

Step15 添加描边图层样式。双击图层，在【图层样式】对话框中，选中【描边】复选框，设置【大小】为 3 像素，描边颜色为白色 #ffffff，如图 11-17 所示，效果如图 11-18 所示。

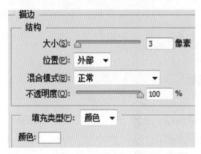

图 11-17

图 11-18

Step16 添加文字。使用【横排文字工具】$\boxed{T}$，输入下方白色小字，设置字体为黑体，字体大小为 15 点，颜色为白色 #ffffff，效果如图 11-19 所示。

图 11-19

Step17 设置行距。选中白色小字后，在【字符】面板中，设置行距为 30 点，如图 11-20 所示。

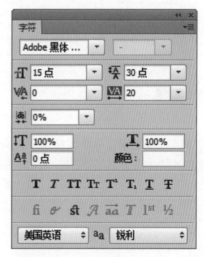

图 11-20

专家点拨

　　选中文字后，按【Alt+↑】组合键，可以快速减小行距，按【Alt+↓】组合键，可以快速增大行距。

Step18 添加文字。使用【横排文字工具】$\boxed{T}$，输入文字，设置字体为汉仪菱心体简，字体大小分别为 223 点和 137 点，颜色为黄色 #f5bb19，效果如图 11-21 所示。

图 11-21

Step19 添加描边图层样式。双击图层，在【图层样式】对话框中，选中【描边】复选框，设置【大小】为 29 像素，描边颜色为深红色 #591d0e，如图 11-22 所示。

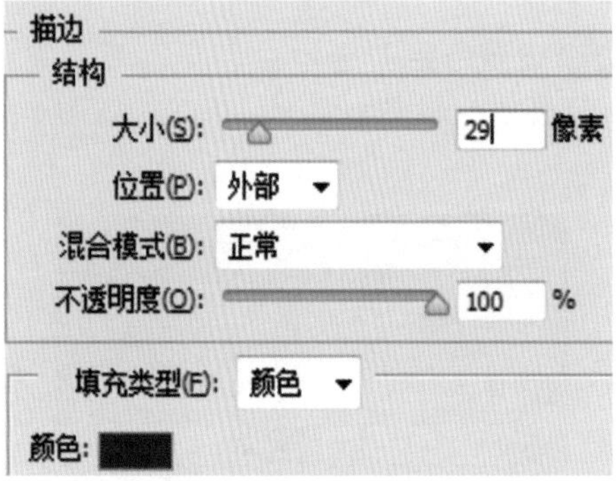

图 11-22

Step20 复制文字图层。复制文字图层，双击图层，在【图层样式】对话框中，选中【描边】复选框，修改【大小】为 19 像素，描边颜色为白色 #ffffff，如图 11-23 所示，效果如图 11-24 所示。

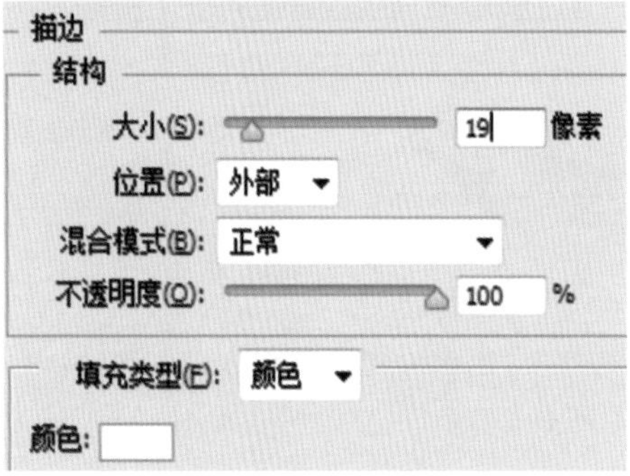

图 11-23

图 11-24

Step21 继续复制文字图层。复制文字图层，在【图层】面板中，删除图层样式，如图 11-25 所示。

图 11-25

Step22 添加渐变叠加图层样式。双击图层，在【图层样式】对话框中，选中【渐变叠加】复选框，设置【样式】为线性，【角度】为 90 度，【缩放】为 100%，单击渐变色条，如图 11-26 所示。

图 11-26

Step23 设置渐变色。在【渐变编辑器】对话框中，设置渐变色标为洋红色 #e5005a、浅紫色 #c9188e、紫色 #a813ad、紫色 #7f0dd8，如图 11-27 所示。

图 11-27

Step24 添加投影图层样式。在打开的【图层样式】对话框中，选中【投影】复选框，设置【不透明度】为 75%，【角度】为 120 度，【距离】为 2 像素，【扩展】为 14%，【大小】为 3 像素，选中【使用全局光】复选框，如图 11-28 所示，最终效果如图 11-29 所示。

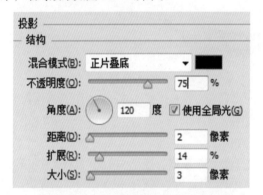

图 11-28

图 11-29

086 实战：狂欢圣诞活动页

※ 案例说明

圣诞节虽然是西方节日，但是在中国年轻人中却非常流行，年轻人是网购的主要群体，在圣诞节到来之际推出活动能大幅度增加交易额。使用 Photoshop 中的相关工具设计制作狂欢圣诞活动页广告，完成后的效果如图 11-30 所示。

图 11-30

※ 思路解析

圣诞节带给人浪漫的感觉，它的代表符号是圣诞老人、圣诞树、雪堆和彩灯等。本实例首先添加背景素材，利用内阴影、液化等操作为广告定义风格，其次用椭圆工具绘制优惠券，最后添加热卖商品，制作流程及思路如图 11-31 所示。

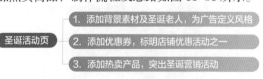

圣诞活动页
1. 添加背景素材及圣诞老人，为广告定义风格
2. 添加优惠券，标明店铺优惠活动之一
3. 添加热卖产品，突出圣诞营销活动

图 11-31

※ 步骤详解

Step01 新建文件。按【Ctrl+N】组合键，执行

【新建】命令，打开【新建】对话框设置【宽度】为 950 像素、【高度】为 1100 像素、【分辨率】为 72 像素/英寸，单击【确定】按钮，如图 11-32 所示。

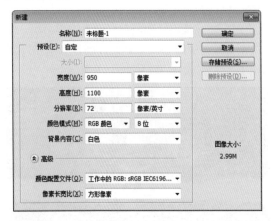

图 11-32

Step02 **添加素材。** 打开"网盘\素材文件\第11 章\木墙 .jpg"文件，将其拖动到当前文件中，调整位置，如图 11-33 所示。

图 11-33

Step03 **混合图层。** 更改木墙图层混合模式为正片叠底，如图 11-34 所示，效果如图 11-35 所示。

图 11-34

图 11-35

Step04 **复制图层。** 复制多个木墙图层，调整位置，横向铺满背景，效果如图 11-36 所示。

图 11-36

专家点拨

拼接木墙背景时，可以适当降低图层不透明度，查看拼接位置。完成拼接后，再恢复图层不透明度。

Step05 **添加素材。** 打开"网盘\素材文件\第11章\圣诞装饰 .tif"文件，添加到当前文件中，效果如图 11-37 所示。

图 11-37

Step06 **创建上雪堆。** 新建图层，使用【矩形选框工具】创建选区，填充白色 #ffffff，效果如图 11-38 所示。

图 11-38

Step07 液化变形图像。执行【滤镜】→【液化】命令，拖动变形图像，如图 11-39 所示。继续拖动变形图像，效果如图 11-40 所示。

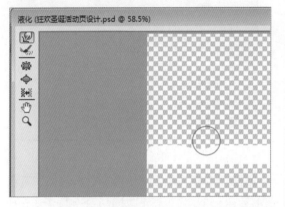

图 11-39

图 11-40

Step08 添加内阴影图层样式。双击图层，在【图层样式】对话框中，选中【内阴影】复选框，设置【混合模式】为正片叠底，阴影颜色为浅灰色 #919191，【不透明度】为 38%，【角度】为120 度，【距离】为 8 像素，【阻塞】为 0%，【大小】为 8 像素。如图 11-41 所示。

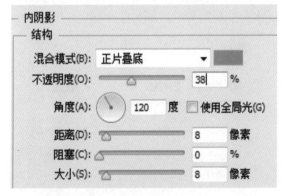

图 11-41

Step09 创建下雪堆。新建图层，使用相似的方

法创建下雪堆，效果如图 11-42 所示。

图 11-42

Step10 添加内阴影图层样式。双击图层，在【图层样式】对话框中，选中【内阴影】复选框，设置【混合模式】为正片叠底，阴影颜色为黑色 #000000，【不透明度】为 35%，【角度】为 -49 度，【距离】为 5 像素，【阻塞】为 0%，【大小】为 2 像素，如图 11-43 所示。

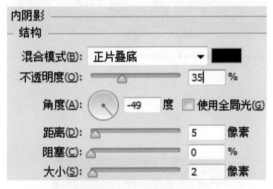

图 11-43

专家答疑

问：为什么要为两个雪堆设置不同的样式参数？

答：为上雪堆和下雪堆添加内阴影图层样式时，根据立体角度，设置不同的角度、距离和颜色参数，可以使雪堆效果更加真实。

Step11 添加素材。打开"网盘 \ 素材文件 \ 第 11 章 \ 圣诞老人 .tif"文件，添加到当前文件中，效果如图 11-44 所示。

图 11-44

Step12 **添加文字。**使用【横排文字工具】 $\boxed{\text{T.}}$ 输入文字，设置字体为华康海报体，字体大小为 100 点，颜色为黄色 #fff100，效果如图 11-45 所示。

图 11-45

Step13 **绘制圆。**使用【椭圆选框工具】 $\boxed{\bigcirc}$ 创建圆形选区，填充任意颜色，效果如图 11-46 所示。

图 11-46

Step14 **描边选区。**执行【编辑】→【描边】命令，打开【描边】对话框，设置【宽度】为 3 像素，【颜色】为白色 #ffffff，单击【确定】按钮，如图 11-47 所示。

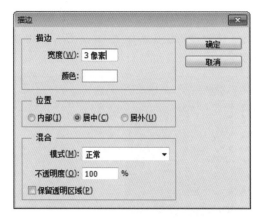

图 11-47

Step15 **删除下方图像。**使用【矩形选框工具】 $\boxed{\square}$ 选择下方图像，按【Delete】键删除图像，如图 11-48 所示。

图 11-48

Step16 **添加内阴影图层样式。**双击图层，在【图层样式】对话框中，选中【内阴影】复选框，设置【混合模式】为正片叠底，阴影颜色为黑色 #000000，【不透明度】为 75%，【角度】为 -90 度，【距离】为 5 像素，【阻塞】为 0%，【大小】为 70 像素，如图 11-49 所示。

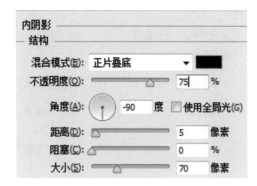

图 11-49

Step17 添加颜色叠加图层样式。双击图层，在【图层样式】对话框中，选中【颜色叠加】复选框，设置颜色为洋红色 #d6125b，如图 11-50 所示。

图 11-50

Step18 添加投影图层样式。双击文字图层，在打开的【图层样式】对话框中，选中【投影】复选框，设置【不透明度】为 75%，【角度】为 120 度，【距离】为 3 像素，【扩展】为 0%，【大小】为 3 像素，如图 11-51 所示。

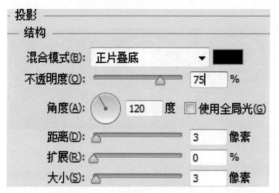

图 11-51

Step19 添加白边素材。打开"网盘\素材文件\第 11 章\白边 .tif"文件，添加到当前文件中，效果如图 11-52 所示。

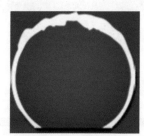

图 11-52

Step20 添加斜面和浮雕图层样式。双击图层，在打开的【图层样式】对话框中，选中【斜面和浮雕】复选框，设置【样式】为内斜面，【方法】为平滑，【深度】为 1%，【方向】为上，【大小】为 5 像素，【软化】为 0 像素，【角度】为 120 度，【高度】为 30 度，【高光模式】为滤色，【不透明度】为 75%，【阴影模式】为正片叠底，【不透明度】为 75%，如图 11-53 所示。

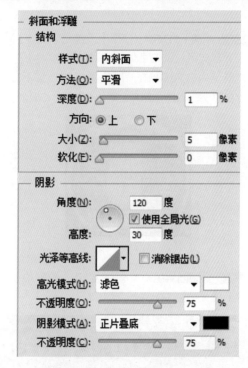

图 11-53

Step21 添加数字。使用【横排文字工具】 T 输入数字，设置字体为 Impact，字体大小为 74 点，颜色为白色 #ffffff，效果如图 11-54 所示。

图 11-54

Step22 添加符号。使用【横排文字工具】 T 输入符号，设置字体为微软雅黑，字体大小为 25 点，颜色为白色 #ffffff，效果如图 11-55 所示。

图 11-55

Step23 **添加下方文字。**使用【横排文字工具】 T，输入下方文字，设置字体为黑体，字体大小为 17 点，颜色为白色 #ffffff，创建图层组，将下方内容所在图层放入图层组中，效果如图 11-56 所示。

图 11-56

Step24 **复制图层组。**复制图层组，调整位置和内容，效果如图 11-57 所示。

图 11-57

Step25 **添加文字。**使用【横排文字工具】 T，输入下方文字，设置字体为华康海报体，字体大小为 50 点，颜色为浅紫色 #f000ff，效果如图 11-58 所示。

图 11-58

Step26 **添加描边图层样式。**双击图层，在【图层样式】对话框中，选中【描边】复选框，设置【大小】为 5 像素，描边颜色为黄色 #f7d932，如

图 11-59 所示。

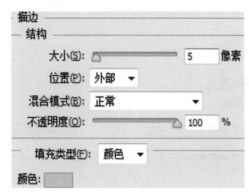

图 11-59

Step27 **添加彩色文字。**使用【横排文字工具】 T 输入下方文字，设置字体为华康海报体，字体大小为 40 点，设置颜色为浅粉色 # fbafaf、黄色 #fff300、浅蓝色 #b9f4d1、白色 #ffffff，效果如图 11-60 所示。

图 11-60

Step28 **绘制圆角矩形。**新建图层，选择【圆角矩形工具】 ，在选项栏中，选择【像素】复选框，设置【半径】为 50 像素，拖动鼠标绘制形状，效果如图 11-61 所示。

图 11-61

Step29 **添加小鸡和圣诞玩具素材。**打开"网盘 \ 素材文件 \ 第 11 章 \ 小鸡 .jpg 和圣诞玩具 .jpg"

文件, 拖动到当前文件中, 效果如图 11-62 所示。

图 11-62

Step30 **创建矩形选区**。新建图层, 使用【矩形选框工具】创建选区, 填充紫色 # a00039, 效果如图 11-63 所示。

图 11-63

Step31 **液化变形图像**。执行【滤镜】→【液化】命令, 打开【液化】对话框, 拖动变形图像, 如图 11-64 所示。继续拖动变形图像, 效果如图 11-65 所示。

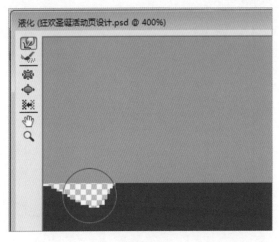

图 11-64

图 11-65

Step32 **添加文字**。使用【横排文字工具】 T.输入文字, 设置字体为黑体, 字体大小为 22 点和 42 点, 颜色为白色 #ffffff, 效果如图 11-66 所示。

图 11-66

Step33 **创建矩形选区**。新建图层, 使用【矩形选框工具】创建选区, 效果如图 11-67 所示。

图 11-67

Step34 **描边选区**。执行【编辑】→【描边】命令, 打开【描边】对话框, 设置【宽度】为 1 像素, 颜色为白色 #ffffff, 单击【确定】按钮, 如图 11-68 所示。

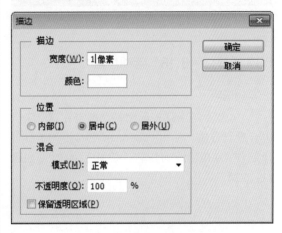

图 11-68

Step35 **添加文字。**使用【横排文字工具】⊤
输入右侧文字，设置字体为黑体，字体大小为 22
点，颜色为白色 #ffffff，新建图层组，将下方图
像中的内容放入图层组中，效果如图 11-69 所示。

图 11-69

Step36 **复制图层组。**复制图层组，调整位置和
内容，效果如图 11-70 所示。

图 11-70

087 实战："6.18" 活动广告

※ 案例说明

"6.18" 始于京东促销日，淘宝在这一天，
也会进行促销。使用 Photoshop 中的相关工具设
计制作 "6.18" 活动广告，完成后的效果如图
11-71 所示。

图 11-71

※ 思路解析

"6.18" 活动广告设计要突出 "6.18" 的特
点，本实例首先制作广告水印，其次制作卷边特
效，最后添加文字内容，制作流程及思路如图
11-72 所示。

图 11-72

※ 步骤详解

Step01 **新建文件。**按【Ctrl+N】组合键，执行
【新建】命令，打开【新建】对话框，设置【宽
度】为 100 像素，【高度】为 100 像素，【分辨
率】为 72 像素 / 英寸，单击【确定】按钮，如图
11-73 所示。

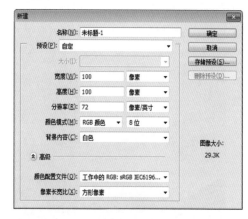

图 11-73

Step02 **填充背景。**设置前景色为红色 #d31d10，
按【Alt+Delete】组合键填充背景，效果如图

11-74 所示。

图 11-74

Step03 **添加文字**。使用【横排文字工具】T,输入文字，设置字体为黑体，字体大小为 28 点，颜色为稍浅的红色 #e42e21，效果如图 11-75 所示。

图 11-75

Step04 **旋转文字**。按【Ctrl+T】组合键，执行自由变换操作，旋转文字角度，效果如图 11-76 所示。

图 11-76

Step05 **定义图案**。执行【编辑】→【定义图案】命令，设置【名称】为水印，单击【确定】按钮，如图 11-77 所示。

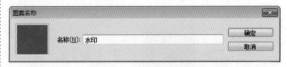

图 11-77

Step06 **新建文件**。按【Ctrl+N】组合键，执行【新建】命令，打开【新建】对话框，设置【宽度】为 540 像素，【高度】为 290 像素，【分辨率】为 72 像素 / 英寸，单击【确定】按钮，如图 11-78 所示。

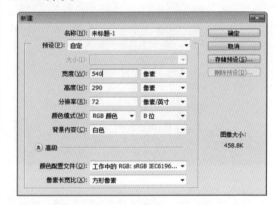

图 11-78

Step07 **创建红底**。新建图层，设置前景色为红色 # dd261a，按【Alt+Delete】组合键填充背景，效果如图 11-79 所示。

图 11-79

Step08 **添加图案叠加图层样式**。双击图层，在【图层样式】对话框中，选中【图案叠加】复选框，设置【不透明度】为 83%，【图案】为前面定义的水印图案，【缩放】为 70%，如图 11-80 所示。

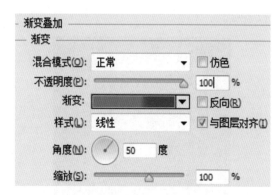

图 11-80

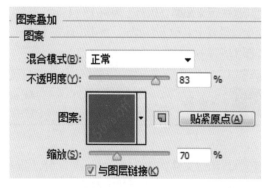

图 11-83

Step09 创建卷角底。新建图层，使用【钢笔工具】![钢笔]创建路径，载入选区后填充深红色 #960a01，效果如图 11-81 所示。

Step12 设置渐变色。在【渐变编辑器】对话框中，设置渐变色标为红色 #ff3c2f、深红色 #a10a00，如图 11-84 所示。

图 11-81

图 11-84

Step10 创建卷角。新建图层，使用【钢笔工具】![钢笔]创建路径，载入选区后填充深红色 #960a01，效果如图 11-82 所示。

Step13 添加投影图层样式。双击图层，在打开的【图层样式】对话框中，选中【投影】复选框，设置投影颜色为深红色 #a00a00，【不透明度】为 28%，【角度】为 –135 度，【距离】为 3 像素，【扩展】为 0%，【大小】为 1 像素如图 11-85 所示。

图 11-82

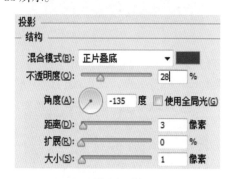

图 11-85

Step11 添加渐变叠加图层样式。双击图层，在【图层样式】对话框中，选中【渐变叠加】复选框，设置【样式】为线性，【角度】为 50 度，【缩放】为 100%，单击渐变色条，如图 11-83 所示。

Step14 创建卷角投影。新建图层，使用【钢笔工具】![钢笔]创建路径，载入选区后填充深红色 #960a01，效果如图 11-86 所示。

图 11-86

Step15 模糊图像。执行【滤镜】→【模糊】→【高斯模糊】命令，打开【高斯模糊】对话框，设置【半径】为 1 像素，单击【确定】按钮，如图 11-87 所示。

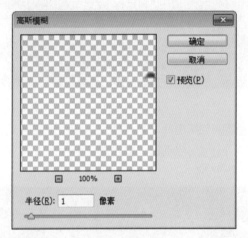

图 11-87

Step16 绘制圆形路径。选择【椭圆工具】 ，在选项栏中，选择【路径】选项，拖动鼠标绘制路径，效果如图 11-88 所示。

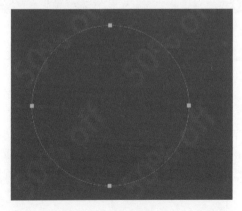

图 11-88

Step17 调整路径形状。使用路径调整工具，绘制路径形状，效果如图 11-89 所示。

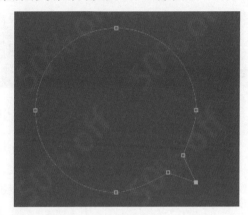

图 11-89

Step18 填充颜色。按【Ctrl+Enter】组合键，载入路径选区后，填充橘色 #fb4700，效果如图 11-90 所示。

图 11-90

Step19 添加文字。使用【横排文字工具】 输入文字，设置字体为汉仪行楷简，字体大小为 80 点，颜色为白色 #ffffff，效果如图 11-91 所示。

图 11-91

Step20 继续添加文字。使用【横排文字工具】 在右侧输入文字，设置字体为李旭科毛笔行书，字体大小为 114 点，颜色为白色 #ffffff，效果如图 11-92 所示。

图 11-92

Step21 添加渐变叠加图层样式。双击文字图层，在【图层样式】对话框中，选中【渐变叠加】复选框，设置【样式】为线性，【角度】为 90 度，【缩放】为 100%，单击渐变色条，打开【渐变编辑器】对话框，设置渐变色标为橙色 # ffa008、浅黄色 #fefbcd，如图 11-93 所示。

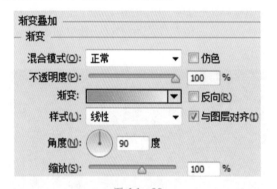

图 11-93

Step22 添加投影图层样式。在打开的【图层样式】对话框中，选中【投影】复选框，设置【不透明度】为 75%，【角度】为 120 度，【距离】为 2 像素，【扩展】为 0%，【大小】为 3 像素，选中【使用全局光】复选框，如图 11-94 所示。

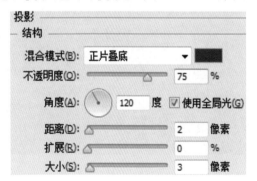

图 11-94

Step23 添加直排文字。使用【直排文字工具】在右侧输入直排文字，设置字体为方正超粗黑简体，字体大小为 50 点，复制粘贴前方的文字样式，效果如图 11-95 所示。

图 11-95

Step24 添加下方文字。使用【直排文字工具】在下方输入文字，设置字体为黑体，字体大小为 38 点，效果如图 11-96 所示。

图 11-96

Step25 创建橙底。新建图层，使用【矩形选框工具】创建选区，填充橙色 #f7a902，效果如图 11-97 所示。

图 11-97

Step26 变形橙底。复制图层，执行【滤镜】→【扭曲】→【波浪】命令，打开【波浪】对话框，设置【生成器数】为 1，【波长】最小为 1，最大为 64，【波幅】最小为 1，最大为 14，【比例】水平为 100%，【垂直】为 100%，【类型】选中【正弦】单选按钮，【未定义区域】选中【重复边缘像素】单选按钮，单击【确定】按钮，如图 11-98 所示，波浪效果如图 11-99 所示。

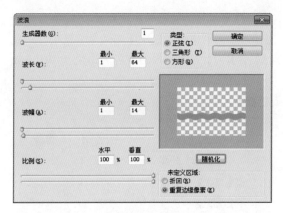

图 11-98

图 11-99

Step27 添加描边图层样式。双击图层，在【图层样式】对话框中，选中【描边】复选框，设置【大小】为 2 像素，描边颜色为黄色 #fbe707，如图 11-100 所示。

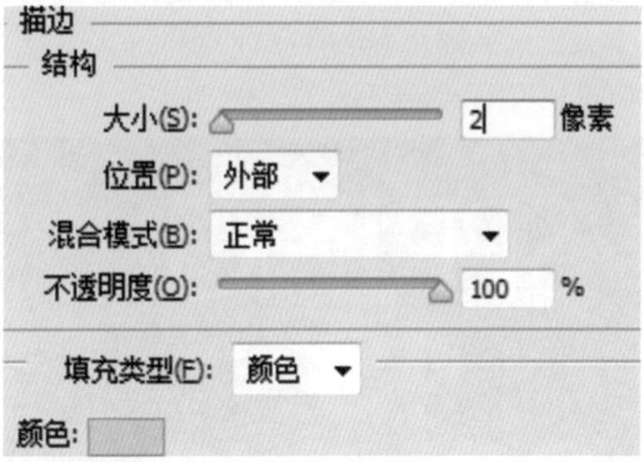

描边

结构

大小(S):	2	像素
位置(P):	外部	
混合模式(B):	正常	
不透明度(O):	100	%

填充类型(F): 颜色

颜色:

图 11-100

Step28 添加文字。使用【横排文字工具】 T ，输入文字，设置字体为黑体，字体大小为 21 点，颜色为深红色 #870b01，效果如图 11-101 所示。

图 11-101

088 实战：春季上新活动页

※ 案例说明

在换季时，店铺通常会有上新活动广告，可以使用 Photoshop 中的相关工具设计制作春季上新活动页，完成后的效果如图 11-102 所示。

图 11-102

※ 思路解析

上新活动页要突出上新内容，与整体页面有所区分，本实例首先制作底图，其次制作左侧主体文字，最后添加次要文字和装饰，制作流程及思路如图 11-103 所示。

图 11-103

※ 步骤详解

Step01 新建文件。按【Ctrl+N】组合键，执行【新建】命令，打开【新建】对话框，设置【宽度】为 950 像素，【高度】为 525 像素，【分辨率】为 72 像素 / 英寸，单击【确定】按钮，如图 11-104 所示。

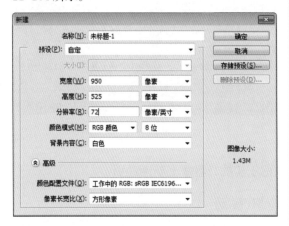

图 11-104

Step02 **添加素材。**打开"网盘 \ 素材文件 \ 第 11 章 \ 花 .jpg"文件，添加到当前文件中，效果如图 11-105 所示。

图 11-105

Step03 **创建深绿底。**新建图层，使用【矩形选框工具】，创建选区，填充深绿色 #023129，效果如图 11-106 所示。

图 11-106

Step04 **添加描边图层样式。**双击图层，在【图层样式】对话框中，选中【描边】复选框，设置【大小】为 2 像素，描边颜色为白色 # ffffff，如图 11-107 所示。

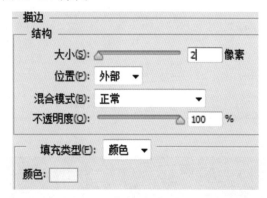

图 11-107

Step05 **添加素材。**打开"网盘 \ 素材文件 \ 第 11 章 \ 花朵 .tif"文件，将其拖动到当前文件中，效果如图 11-108 所示。

图 11-108

Step06 **添加字母。**使用【横排文字工具】，输入字母，设置字体分别为 Trajian Pro 3 和方正兰亭大黑，字体大小分别为 71 点和 64 点，颜色为白色 #ffffff，效果如图 11-109 所示。

图 11-109

Step07 添加数字和字母。使用【横排文字工具】 T.，输入下方数字和字母，设置字体为汉仪特细等线简，字体大小为 24 点，颜色为白色 #ffffff，效果如图 11-110 所示。

图 11-110

Step08 设置字距。在【字符】面板中，设置字距为 449，效果如图 11-111 所示。

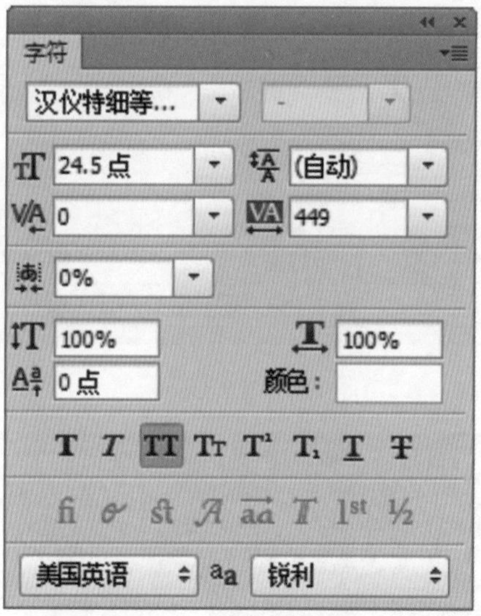

Step10 添加段落文字。拖动【横排文字工具】 T.，创建段落文本，输入文字，设置字体为黑体，字体大小为 11 点，效果如图 11-113 所示。

图 11-112

图 11-111

图 11-113

Step11 创建白底。新建图层，使用【矩形选框工具】 ▦ 创建选区，填充白色 #ffffff，效果如图 11-114 所示。

Step09 添加文字。使用【横排文字工具】 T. 输入下方文字，设置字体为文鼎特粗宋简，字体大小为 50 点，效果如图 11-112 所示。

图 11-114

Step12 **添加文字。**使用【横排文字工具】T 输入右侧文字，设置字体为方正水柱简体，字体大小为 39 和 15 点，颜色为红色 #f3092e，效果如图 11-115 所示。

图 11-115

Step13 **绘制红线条。**设置前景色为红色 #f3092e，新建图层，选择【直线工具】，在选项栏中，选择【像素】选项，设置【粗细】为 1 像素，拖动鼠标绘制线条，如图 11-116 所示。

图 11-116

Step14 **添加文字。**使用【横排文字工具】T 输入右下方文字，设置字体为汉仪粗圆简，字体大小分别为 15 点和 11 点，颜色为红色 # f3092e，效果如图 11-117 所示。

图 11-117

Step15 **添加素材。**打开"网盘 \ 素材文件 \ 第 11 章 \ 蝴蝶 .tif"文件，将其拖动到当前文件中，效果如图 11-118 所示。

图 11-118

Step16 **调整图层顺序。**拖动花朵到 SPRING 图层上方，如图 11-119 所示，最终效果如图 11-120 所示。

图 11-119

图 11-120

活动广告的分类

淘宝活动是淘宝官方或非官方主动发起的，为了提升淘宝平台本身市场份额或商家销量的行为。淘宝官方的活动影响力较大，如网民尽知的"双11""双12""6.18年中大促"已经掀起电商网购狂潮，"聚划算""天天特价"等已深入人心。相对来讲，非官方的淘宝活动影响力就比较小，多为商家联合或单个店铺打折促销等。

下面介绍一些常见的淘宝官方活动和活动广告设计。

1. "双11"全球狂欢节

"双11"购物狂欢节是指每年11月11日的网络促销日，源于淘宝商城（天猫）2009年11月11日举办的促销活动，当时参与的商家数量和促销力度有限，但营业额远超预想的效果，于是11月11日成为天猫举办大规模促销活动的固定日期。

近年来，"双11"已成为中国电子商务行业的年度盛事，并且逐渐影响到国际电子商务行业。"双11"活动广告设计如图11-121所示。

图 11-121

2. "双12"年度盛典

淘宝平台在12月12日推出的打折购物活动，是一种引导买卖双方向C2B转型的活动。2012年淘宝"双12"，打破了以往的促销模式，一改往常按照品类进行纵向组织的形式，指向电子SNS化新秩序的实验，卖什么、卖几折，全部是由买家说了算，而且买家可以根据自己的兴趣爱好浏览和挑选所有参加活动的商品、店铺。其活动的主要口号"不一样的淘"正好突出了这个主题。"双12"活动广告设计如图11-122所示。

图 11-122

3. "聚划算"

淘宝"聚划算"是阿里巴巴集团旗下的团购网站，淘宝"聚划算"是淘宝网的二级域名，该二级域名正式启用时间是2010年9月。淘宝"聚划算"依托淘宝网巨大的消费群体，2011年，淘宝"聚划算"启用"聚划算顶级域名"，官方公布的数据显示其成交金额达100亿元，帮助千万网友节省超过110亿元，已经成为展现淘宝卖家服务的互联网消费者首选团购平台，确立了国内最大团购网站地位。"聚划算"活动广告设计如图11-123所示。

图 11-123

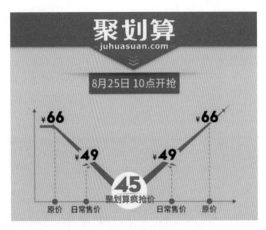

图 11-123（续）

4."天天特价"

淘宝活动"天天特价"，是一个快速大量吸引客户的淘宝活动，但是要想成功参加淘宝"天天特价"活动，还要掌握活动中"天天特价"报名要求和报名入口以及报名技巧。该活动只针对淘宝集市店铺开放。"天天特价"活动广告设计如图 11-124 所示。

图 11-124

089 实训：情人节淘宝活动海报

情人节又称为圣瓦伦丁节或圣华伦泰节，即每年的 2 月 14 日，是西方国家的传统节日之一。使用 Photoshop 中的相关工具设计制作情人节活动广告，完成后的效果如图 11-125 所示。

图 11-125

※ 思路解析

情人节是一个关于爱、浪漫以及花、巧克力、贺卡的节日，男女在这一天互送礼物用以表达爱意或友好。本实例首先制作底图和月亮，其次制作主体文字内容，最后添加卡通人物和其他装饰内容，制作流程及思路如图 11-126 所示。

情人节淘宝活动海报
1. 制作底图和月亮，烘托广告氛围
2. 制作主体文字内容，标明情人节主题
3. 添加其他内容，丰富画面内容

图 11-126

※ 关键步骤

关键步骤一：新建文件。按【Ctrl+N】组合键，执行【新建】命令，打开【新建】对话框，设置【宽度】为 950 像素，【高度】为 525 像素，【分辨率】为 72 像素 / 英寸，单击【确定】按钮。

关键步骤二：填充背景。设置前景色为粉红色 # ff88d5，按【Alt+Delete】组合键填充背景。

关键步骤三：创建月亮。使用【椭圆选框工具】◯创建选区，填充浅黄色 #fffeca。

关键步骤四：添加外发光图层样式。双击图层，在【图层样式】对话框中，选中【外发光】复选框，设置【混合模式】为滤色，发光颜色为黄色 #f6f603，【不透明度】为 75%，【扩展】为 12%，【大小】为 73 像素。

关键步骤五：添加文字。使用【横排文字工具】T.输入文字，设置字体为汉仪秀英体简，字体大小为 72 点，颜色为红色 #e20e0b。

关键步骤六：添加素材。打开"网盘＼素材文件＼第 11 章＼心形 .tif"文件，将其拖动到当前文件中。

关键步骤七：添加文字。使用【横排文字工具】T.输入黑色文字，设置字体为文鼎特粗宋简，字体大小分别为 44 点、70 点和 17 点，颜色为黑色 #000000。

关键步骤八：添加素材。打开"网盘＼素材文件＼第 11 章＼云彩 .tif"文件，将其拖动到当前文件中。调整图层混合模式为明度。

关键步骤九：绘制圆角矩形。设置前景色为洋红色 #fa09a5，选择【圆角矩形工具】▢，在选项栏中，选择【像素】复选框，设置【半径】为 20 像素，拖动鼠标绘制形状。

关键步骤十：继续绘制圆角矩形。设置前景色为浅洋红色 #ff34bf，使用相同的方法，继续绘制圆角矩形。

关键步骤十一：添加文字。使用【横排文字工具】T.输入文字，设置字体为黑体，字体大小为 30 点，颜色为浅紫色 #efdffd。

关键步骤十二：添加素材。打开"网盘＼素材文件＼第 11 章＼卡通人物 .tif"文件，将其拖动到当前文件中。双击图层，在打开的【图层样式】对话框中，选中【投影】复选框，设置投影颜色为深紫色 #890259，设置【不透明度】为 52%，【角度】为 128 度，【距离】为 10 像素，【扩展】为 0%，【大小】为 0 像素。

090 实训：母亲节淘宝活动海报

母亲节（Mother's Day），是一个感谢母亲的节日。使用 Photoshop 中的相关工具设计制作母亲节淘宝活动广告，完成后的效果如图 11-127 所示。

图 11-127

※ **思路解析**

母亲们在母亲节这天通常会收到孩子的礼物。本实例首先制作广告底图，其次制作主体文字，最后调整图层，制作流程及思路如图 11-128 所示。

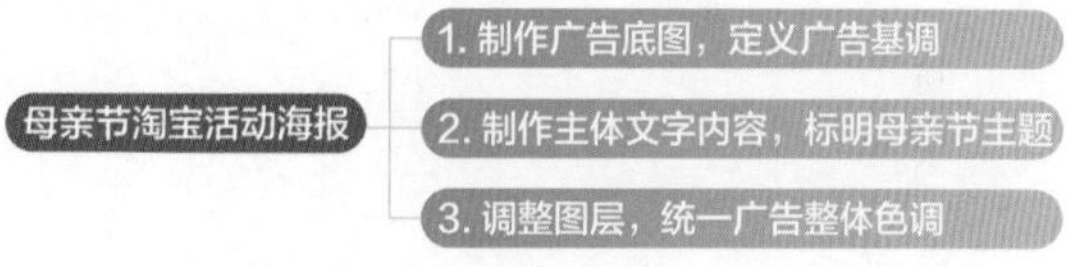

母亲节淘宝活动海报
1. 制作广告底图，定义广告基调
2. 制作主体文字内容，标明母亲节主题
3. 调整图层，统一广告整体色调

图 11-128

※ **关键步骤**

关键步骤一：新建文件。按【Ctrl+N】组合键，执行【新建】命令，打开【新建】对话框，设置【宽度】为 950 像素，【高度】为 800 像素，【分辨率】为 72 像素 / 英寸，单击【确定】按钮。

关键步骤二：添加荷花素材。打开"网盘＼素材文件＼第 11 章＼水墨荷花 .tif"文件，将其拖动到当前文件中，更改图层混合模式为明度。

关键步骤三：添加金鱼素材。打开"网盘＼素材文件＼第 11 章＼金鱼 .tif"文件，将其拖动到当前文件中。

关键步骤四：复制金鱼。复制金鱼，调整位置和方向。

关键步骤五：添加荷花素材。打开"网盘 \ 素材文件 \ 第 11 章 \ 荷花 .tif"文件，将其拖动到当前文件中。

关键步骤六：添加投影图层样式。双击图层，在打开的【图层样式】对话框中，选中【投影】复选框，设置【不透明度】为 22%，【角度】为 14 度，【距离】为 9 像素，【扩展】为 0%，【大小】为 10 像素。

关键步骤七：添加文字。使用【横排文字工具】 T，输入文字，设置字体为汉仪中圆简，字体大小为 60 点，颜色为粉红色 #f91a75。

关键步骤八：添加文字。使用【横排文字工具】 T，输入下方黑色文字，设置字体为汉仪中圆简，字体大小分别为 108 点和 129 点，颜色为黑色 #000000，调整文字位置。

关键步骤九：绘制圆底。使用【椭圆选框工具】 ○，创建圆形选区，填充紫色 #7f2a91。

关键步骤十：添加文字。使用【横排文字工具】 T，输入右侧黄色文字，设置字体为书体坊赵九坊钢笔楷体，字体大小为 107 点，颜色为黄色 #fff100。

关键步骤十一：添加素材。打开"网盘 \ 素材文件 \ 第 11 章 \ 母女 .tif"文件，将其拖动到当前文件中。

关键步骤十二：创建曲线调整图层。创建曲线调整图层，在【属性】面板中，调整曲线形状。

关键步骤十三：创建自然饱和度调整图层。创建自然饱和度调整图层，设置【自然饱和度】为 86。

第3篇
微店设计篇

随着智能设备的发展，手机、平板电脑等移动设备的应用越来越广泛，微店也随之而产生。移动设备便于携带，在移动端开网店成了当前最流行的趋势之一。本篇主要讲解如何使用 Photoshop 进行微店的美工设计，包括手机店标、手机淘宝店招、手机淘宝优惠券、手机京东店招、手机京东海报等设计案例。本篇主要包含以下章节内容。

● 第 12 章 移动端微店店铺设计

第 12 章
移动端微店店铺设计

本章导读

　　随着智能手机的普及，移动端店铺的销量越来越大。店铺美工设计原理和网店是相同的，但是，根据手机的特点，也有一些特殊的规定。本章将学习使用 Photoshop 进行移动端店铺美工设计。希望读者通过本章的学习能够掌握基本的操作方法，并学会熟练应用。

知识要点

☆ 优雅手机店标　　　　　　　　　☆ 手机淘宝店招
☆ 手机淘宝分类图　　　　　　　　☆ 手机淘宝优惠券
☆ 手机京东店招　　　　　　　　　☆ 手机京东海报
☆ 手机淘宝大众详情页　　　　　　☆ 手机淘宝品牌详情页
☆ 手机淘宝焦点图　　　　　　　　☆ 手机京东单列活动海报

案例展示

12.1　手机首页装修

首页是店铺的重点，它是顾客进入店铺的通道，决定着店铺是否能够带给人好的印象，本节将介绍首页装修的方法。

091 实战：优雅手机店标

※ 案例说明

手机店标和普通店标基本是相同的，可以使用 Photoshop 中的相关工具进行设计制作，完成后的效果如图 12-1 所示。

图 12-1

※ 思路解析

店标在制作中可以稍微做大点，后期在 Photoshop 中优化为手机淘宝规定的尺寸即可。本实例首先制作渐变背景，其次制作旋转花朵，最后添加文字，制作流程及思路如图 12-2 所示。

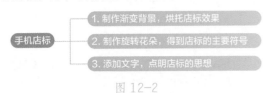

图 12-2

※ 步骤详解

Step01 新建文件。按【Ctrl+N】组合键，执行【新建】命令，打开【新建】对话框，设置【宽度】为 300 像素、【高度】为 300 像素，【分辨率】为 72 像素 / 英寸，单击【确定】按钮，如图 12-3 所示。

图 12-3

Step02 设置渐变。设置前景色为浅紫色 #ffbefc，背景色为紫色 #c500da，选择【渐变工具】，在选项栏中，选择前景色到背景色渐变，单击【径向渐变】按钮，如图 12-4 所示。

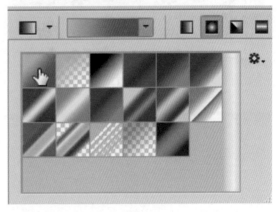

图 12-4

Step03 填充渐变。从中心向外拖动鼠标，填充渐变色，效果如图 12-5 所示。

图 12-5

Step04 **绘制叶片。** 新建图层，选择【自定形状工具】![icon]，在选择栏的自定形状下拉列表框中，选择叶子 3，如图 12-6 所示，绘制叶子路径，载入选区后，填充紫色 #c500da，效果如图 12-7 所示。

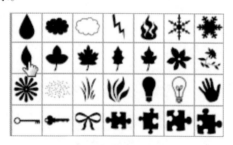

图 12-6

图 12-7

Step05 **复制叶片。** 复制叶片图层，如图 12-8 所示。

图 12-8

Step06 **更改变换中心点。** 按【Ctrl+T】组合键，进入自由变换状态，拖动变换中心到左下角，如图 12-9 所示。

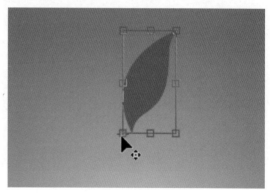

图 12-9

专家点拨

进入变换状态时，在选项栏中单击【参考点位置】图标按钮![icon]中的相应点，可以快速定义新的变换中心点。

Step07 **设置旋转角度。** 在选项栏中，设置旋转为 60 度，效果如图 12-10 所示。

图 12-10

Step08 复制图像。按【Alt+Shift+Ctrl+T】组合键多次，复制多个叶片，并旋转相同的角度，效果如图 12-11 所示。

图 12-11

Step09 选择图层。选中所有叶片图层，如图 12-12 所示。

图 12-12

Step10 合并图层。按【Ctrl+E】组合键，合并选中所有叶片图层，如图 12-13 所示。

图 12-13

Step11 添加描边图层样式。双击图层，在【图层样式】对话框中，选中【描边】复选框，设置【大小】为 2 像素，描边颜色为白色 # ffffff，如图 12-14 所示。

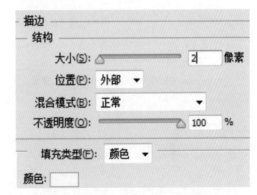

图 12-14

Step12 添加渐变叠加图层样式。在【图层样式】对话框中，选中【渐变叠加】复选框，设置【样式】为径向，【角度】为 0 度，【缩放】为94%，设置渐变色标为紫色 #e307fa、白色 #ffffff，如图 12-15 所示。

图 12-15

Step13 添加投影图层样式。在打开的【图层样式】对话框中，选中【投影】复选框，设置投影颜色为深紫色 #73036c，【不透明度】为39%，【角度】为120度，【距离】为3像素，【扩展】为0%，【大小】为8像素，选中【使用全局光】复选框，如图12-16所示。

图 12-16

Step14 添加文字。使用【横排文字工具】 T ，输入文字，设置字体为方正正纤黑简体，字体大小为112点，颜色为白色 #ffffff，效果如图12-17所示。

图 12-17

Step15 添加字母。使用【横排文字工具】 T ，输入字母，设置字体为方正正纤黑简体，字体大小为82点，颜色为白色 #ffffff，效果如图 12-18所示。

图 12-18

专家点拨

方正纤黑笔划纤细，笔尖灵动，非常适合应用在女性化风格的设计中。

092 实战：手机淘宝店招

※ **案例说明**

店招就是招牌，位于店铺最上面。使用Photoshop中的相关工具进行设计制作，完成后的效果如图12-19所示。

图 12-19

※ **思路解析**

店招非常重要，不宜随时变动。本实例首先制作朦胧背景，其次制作左侧文字内容，最后添加右侧人物，制作流程及思路如图12-20所示。

图 12-20

※ 步骤详解

Step01 新建文件。按【Ctrl+N】组合键，执行【新建】命令，打开【新建】对话框，设置【宽度】为 640 像素、【高度】为 200 像素，【分辨率】为 72 像素 / 英寸，单击【确定】按钮，如图 12-21 所示。

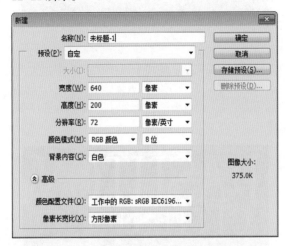

图 12-21

Step02 添加素材。打开"网盘\素材文件\第 12 章\星星.jpg"文件，如图 12-22 所示。

图 12-22

Step03 拖动图像。将星星图像拖动到当前文件

中，调整位置，效果如图 12-23 所示。

图 12-23

Step04 模糊图像。执行【滤镜】→【模糊】→【高斯模糊】命令，打开【高斯模糊】对话框，设置【半径】为 5 像素，单击【确定】按钮，如图 12-24 所示。

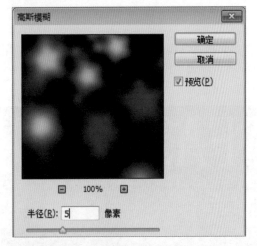

图 12-24

Step05 复制图层并调整不透明度。复制图层，设置图层【不透明度】为 80%，如图 12-25 所示。效果如图 12-26 所示。

图 12-25

图 12-26

问：背景模糊的作用是什么？

答：背景主要起衬托作用，模糊背景后，可以使主体更加突出。

Step06 添加字母。使用【横排文字工具】T.输入字母，设置字体为 SimSun-ExtB，字体大小为86 点，颜色为白色 #ffffff，效果如图 12-27 所示。

图 12-27

Step07 添加字母。使用【横排文字工具】T.输入左下方字母，设置字体为 SimSun-ExtB，字体大小为 48 点，颜色为白色 #ffffff，效果如图 12-28 所示。

图 12-28

Step08 继续添加字母。使用【横排文字工具】T.输入右下方字母，设置字体为 SimSun-ExtB，字体大小为 32 点，颜色为白色 #ffffff，效果如图12-29 所示。

图 12-29

Step09 添加文字。使用【横排文字工具】T.输入红色文字，设置字体为黑体，字体大小分别为48 和 24 点，颜色为红色 #ff3366，效果如图 12-30 所示。

图 12-30

Step10 添加描边图层样式。双击图层，在【图层样式】对话框中，选中【描边】复选框，设置【大小】为 1 像素，描边颜色为白色 # ffffff，如图 12-31 所示。

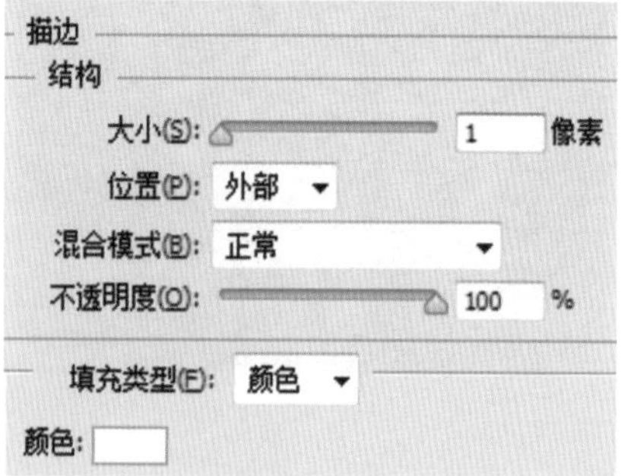

图 12-31

Step11 **创建红条。**新建图层,使用【矩形选框工具】 ⊞ 创建选区,填充红色 #ff3366,效果如图 12-32 所示。

图 12-32

Step12 **添加文字。**使用【横排文字工具】 T ,输入下方文字,设置字体为楷体,字体大小为 20 点,颜色为白色 #ffffff,效果如图 12-33 所示。

图 12-33

Step13 **添加素材。**打开"网盘\素材文件\第 12 章\女性 .tif"文件,将其拖动到当前文件中,效果如图 12-34 所示。

图 12-34

Step14 **添加文字。**使用【横排文字工具】 T ,输入文字,设置字体为黑体,字体大小为 26 点,颜色为白色 #ffffff,效果如图 12-35 所示。

图 12-35

Step15 **添加字母。**使用【横排文字工具】 T ,输入字母,设置字体为 Times New Roman,字体大小为 12 点,颜色为白色 #ffffff,效果如图 12-36 所示。

图 12-36

Step16 **添加舞蹈素材。**打开"网盘\素材文件\第 12 章\舞蹈 .tif"文件,将其拖动到当前文件中,效果如图 12-37 所示。

图 12-37

093 实战：手机淘宝分类图

※ 案例说明

淘宝分类图可以分类宝贝，使宝贝的展示更有规律。使用 Photoshop 中的相关工具进行设计制作，完成后的效果如图 12-38 所示。

图 12-38

※ 思路解析

分类图通常是由多个图组成的，它们的设计需要统一风格。本实例首先制作背景，其次制作框线，最后添加文字，制作流程及思路如图 12-39 所示。

图 12-39

※ 步骤详解

Step01 新建文件。按【Ctrl+N】组合键，执行【新建】命令，打开【新建】对话框，设置【宽度】为 296 像素、【高度】为 160 像素，【分辨率】为 72 像素 / 英寸，单击【确定】按钮，如图 12-40 所示。

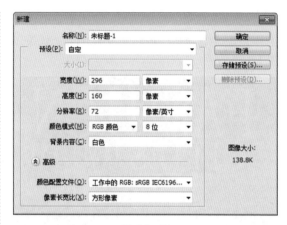

图 12-40

Step02 添加山峰素材。新建组 1，打开"网盘 \ 素材文件 \ 第 12 章 \ 山峰 .jpg"文件，将其拖动到当前文件中，效果如图 12-41 所示。

图 12-41

Step03 混合图层。更改山峰图层混合模式为正片叠底，【不透明度】为 34%，如图 12-42 所示。

图 12-42

Step04 添加图层蒙版。在【图层】面板中，单击【添加图层蒙版】按钮 ，为图层添加图层蒙版。为蒙版填充黑色，如图 12-43 所示，使用白色【画笔工具】 修改蒙版，效果如图 12-44 所示。

图 12-43

图 12-44

Step05 添加挂饰素材。打开"网盘\素材文件\第 12 章\挂饰 .tif"文件，将其拖动到当前文件中，效果如图 12-45 所示。

图 12-45

Step06 创建矩形选区。使用【矩形选框工具】 ，创建选区，如图 12-46 所示。

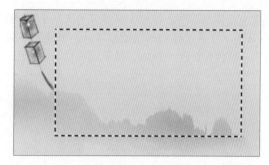

图 12-46

Step07 描边选区。执行【编辑】→【描边】命令，打开【描边】对话框，设置【宽度】为 5 像素，【颜色】为白色 #ffffff，如图 12-47 所示。

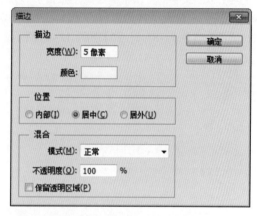

图 12-47

Step08 添加投影图层样式。双击图层，在【图层样式】对话框中，选中【投影】复选框，设置投影颜色为浅蓝色 #cbc8de，设置【不透明度】为75%，【角度】为 120 度，【距离】为 5 像素，【扩展】为 0%，【大小】为 5 像素，如图 12-48 所示。

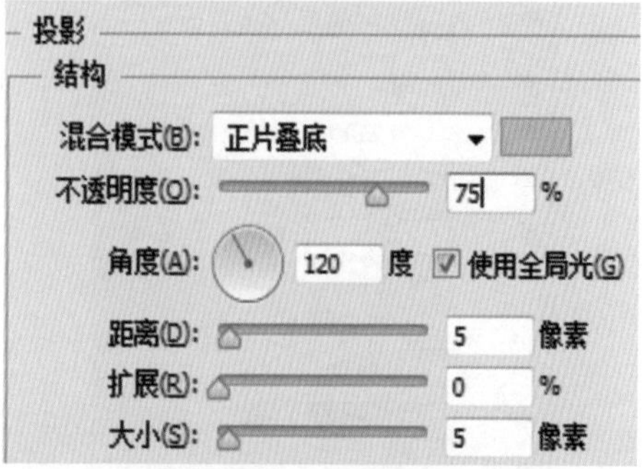

图 12-48

Step09 添加文字。使用【横排文字工具】$\boxed{T}$输入文字，设置字体为汉仪菱心体简，字体大小为9点，颜色为紫色 #a787ce，效果如图 12-49 所示。

图 12-49

Step10 添加文字。使用【横排文字工具】$\boxed{T}$输入下方文字，设置字体为黑体，字体大小为 6.5点，颜色为紫色 #a787ce，效果如图 12-50 所示。

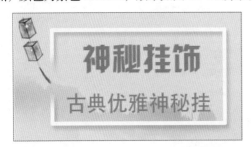

图 12-50

Step11 添加图层蒙版。为"框"图层添加图层蒙版，如图 12-51 所示。使用黑色【画笔工具】$\boxed{\diagup}$修改蒙版，效果如图 12-52 所示。

图 12-51

图 12-52

Step12 添加颜色叠加图层样式。双击【框】图层，在【图层样式】对话框中，选中【颜色叠加】复选框，设置颜色为紫色 #b705f9，如图 12-53 所示。

图 12-53

Step13 添加分隔符号。使用【横排文字工具】$\boxed{T}$，输入分隔符号，设置字体为汉仪菱心体简，字体大小为2点，颜色为蓝色 #630ccf，效果如图 12-54 所示。

图 12-54

Step14 复制组。复制组，隐藏"组 1"，如图 12-55 所示。

图 12-55

Step15 添加人物素材。打开"网盘\素材文件\第12章\人物 .tif"文件，将其拖动到当前文件中，删除"组 1 拷贝"中的挂饰，并更改文字内容，效果如图 12-56 所示。

图 12-56

Step16 选择图层。选择【移动工具】，在选项栏中，选中【自动选择】图层复选框，单击紫色框，效果如图 12-57 所示，自动选中该图层，如图 12-58 所示。

图 12-57

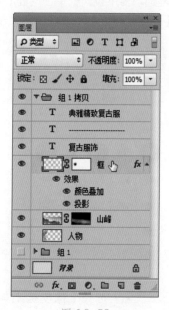

图 12-58

专家点拨

图层较多时，使用【移动工具】单击，可以快速选择图层或者组。是一种高效的选择方法。

Step17 修改图层蒙版。用黑色【画笔工具】修改蒙版，效果如图 12-59 所示。

图 12-59

094 实战：手机淘宝优惠券

※ 案例说明

淘宝优惠券顾名思义，是顾客购买宝贝时，用于优惠的购物券。使用 Photoshop 中的相关工具进行设计制作，完成后的效果如图 12-60 所示。

图 12-60

※ 思路解析

优惠券的设计原则是色彩鲜明、文字显示清晰。本实例首先制作优惠券底图栏线，其次制作左侧优惠券金额及使用规则，最后制作右侧提示文字，制作流程及思路如图 12-61 所示。

图 12-61

※ 步骤详解

Step01 **新建文件。** 按【Ctrl+N】组合键，执行【新建】命令，打开【新建】对话框，设置【宽度】为 979 像素、【高度】为 116 像素，【分辨率】为 72 像素 / 英寸，单击【确定】按钮，如图 12-62 所示。

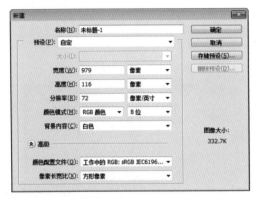

图 12-62

Step02 **创建新组。** 新建组 1，如图 12-63 所示。

图 12-63

Step03 **创建方形底。** 新建图层，使用【矩形选框工具】▣创建选区，填充紫红色 #bb0657，效果如图 12-64 所示。

图 12-64

Step04 **添加描边图层样式。** 双击图层，在【图层样式】对话框中，选中【描边】复选框，设置【大小】为 2 像素，描边颜色为白色 # ffffff，如图 12-65 所示。

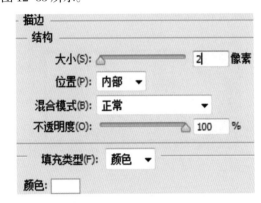

图 12-65

Step05 **创建锯齿底。** 新建图层，使用【矩形选框工具】▣创建选区，填充黄色 # ffd623，效果如图 12-66 所示。

图 12-66

Step06 **设置画笔。** 选择【画笔工具】✎，在选项栏的画笔选取器下拉面板中，设置【大小】为 6 像素，【硬度】为 100%，如图 12-67 所示。

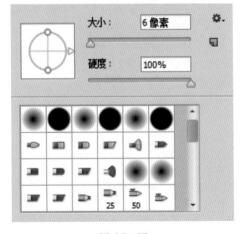

图 12-67

Step07 **删除图像。** 选择【橡皮擦工具】✐，

在黄色图像上单击，删除多余图像，如图 12-68
所示。

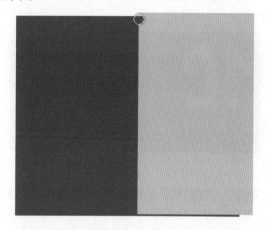

图 12-68

Step08 继续删除图像。继续使用【橡皮擦工具】
，在黄色图像上单击，删除多余图像，如图
12-69 所示，最终效果如图 12-70 所示。

图 12-69

图 12-70

Step09 创建圆角矩形底。新建图层，设置前景

色为深红色 #98212b，选择【圆角矩形工具】，
在选项栏中，选择【像素】复选框，设置【半径】
为 10 像素，拖动鼠标绘制形状，效果如图 12-71
所示。

图 12-71

Step10 创建白底。新建图层，使用【矩形选框
工具】创建选区，填充白色 #ffffff，效果如图
12-72 所示。

图 12-72

Step11 创建剪贴蒙版。执行【图层】→【创
建剪贴蒙版】命令，创建剪贴蒙版，效果如图
12-73 所示。

图 12-73

Step12 创建红条1。新建图层，使用【矩形选框
工具】创建选区，填充深红色 #98212b，适当
旋转红条，效果如图 12-74 所示。

图 12-74

Step13 创建其他红条。使用相同的方法创建其他红条，效果如图 12-75 所示。

图 12-75

Step14 创建剪贴蒙版。选中所有红条图层，执行【图层】→【创建剪贴蒙版】命令，创建剪贴蒙版，效果如图 12-76 所示。

图 12-76

Step15 添加数字。使用【横排文字工具】 **T.** 输入数字，设置字体为 Arial，字体大小为 77 点，颜色为白色 #ffffff，效果如图 12-77 所示。

图 12-77

Step16 创建方形。新建图层，使用【矩形选框工具】 **□** 创建选区，填充紫红色 # bb0657，效果如图 12-78 所示。

图 12-78

Step17 添加符号。使用【横排文字工具】 **T.** 输入钱币符号，设置字体为 Arial，字体大小为 18 点，颜色为白色 #ffffff，效果如图 12-79 所示。

图 12-79

Step18 添加文字。使用【横排文字工具】 **T.** 输入右上方文字，设置字体为微软雅黑，字体大小为 22 点，颜色为白色 #ffffff，效果如图 12-80 所示。

图 12-80

Step19 添加文字。使用【横排文字工具】 **T.** 输入右下方文字，设置字体为微软雅黑，字体大小为 16 点，颜色为白色 #ffffff，效果如图 12-81 所示。

图 12-81

Step20 添加黑色文字。使用【横排文字工具】 T，
输入黑色文字，设置字体为汉仪大黑简，字体
大小为 19 点，颜色为黑色 #000000，效果如图
12-82 所示。

图 12-82

Step21 添加符号。使用【横排文字工具】 T，输
入黑色符号，设置字体为方正兰亭超细黑简体，
字体大小为 57 点，颜色为黑色 #000000，效果如
图 12-83 所示。

图 12-83

Step22 旋转符号。执行【编辑】→【变换】→【旋
转 90 度（顺时针）】命令，效果如图 12-84 所示。

图 12-84

Step23 复制组并调整位置。复制三个组 1，如图
12-85 所示。

图 12-85

Step24 调整位置。调整组的位置，效果如图
12-86 所示。

图 12-86

Step25 水平分布组。选中 4 个组，在选项栏中，
单击【水平居中分布】按钮，如图 12-87 所
示，效果如图 12-88 所示。

图 12-87

图 12-88

Step26 更改文字内容。更改其他组的文字内容。
效果如图 12-89 所示。

图 12-89

Step27 选择方形底图层。选择【移动工具】，
在选项栏中，选中【自动选择】图层复选框，单
击第二个优惠券的方形底，自动选中该图层，效
果如图 12-90 所示。

图 12-90

Step28 锁定透明像素。单击【锁定透明像素】按钮▣，如图 12-91 所示。

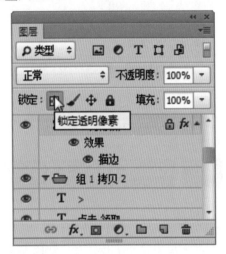

图 12-91

Step29 填充方形底图层。设置前景色为湖蓝色 #00afb5，按【Alt+Delete】组合键填充颜色，效果如图 12-92 所示。

图 12-92

Step30 选择方形图层。选择【移动工具】▶+，在选项栏中，选中【自动选择】图层复选框，单击第二个优惠券的方形，自动选中该图层，效果如图 12-93 所示。

图 12-93

Step31 锁定透明像素。单击【锁定透明像素】按钮▣，如图 12-94 所示。

图 12-94

Step32 填充方形。设置前景色为湖蓝色 #00afb5，按【Alt+Delete】组合键填充颜色，效果如图 12-95 所示。

图 12-95

Step33 填充方形。使用相同的方法，更改其他优惠券的方形底和方形颜色，分别为红色 #f40e38 和蓝色 #3470cd，效果如图 12-96 所示。

图 12-96

095 实战：手机京东店招

※ 案例说明

手机京东店招尺寸和淘宝店招是相同的，可以使用 Photoshop 中的相关工具进行设计制作，完成后的效果如图 12-97 所示。

图 12-97

※ 思路解析

手机京东店招在设计内容上要和京东的整体风格相适宜。本实例首先营造提包场景，其次制作广告文字，最后制作左侧简单店铺 LOGO，制作流程及思路如图 12-98 所示。

图 12-98

※ 步骤详解

Step01 新建文件。按【Ctrl+N】组合键，执行【新建】命令，打开【新建】对话框，设置【宽度】为 640 像素，【高度】为 220 像素，【分辨率】为 72 像素 / 英寸，单击【确定】按钮，如图 12-99 所示。

图 12-99

Step02 添加底图素材。打开"网盘\素材文件\第 12 章\底图 .jpg"文件，将其拖动到当前文件中，效果如图 12-100 所示。

图 12-100

Step03 添加粉包素材。打开"网盘\素材文件\第 12 章\粉包 .tif"文件，将其拖动到当前文件中，效果如图 12-101 所示。

图 12-101

Step04 添加红包素材。打开"网盘\素材文件\第 12 章\红包 .tif"文件，将其拖动到当前文件中，效果如图 12-102 所示。

图 12-102

专家点拨

添加两个包素材时，调整为左小右大，使画面整体视觉平衡。但是，包与包之间看起来错落有致。

Step05 创建红底。新建图层，使用【矩形选框工具】创建选区，填充深红色 #d81176，效果如图 12-103 所示。

图 12-103

Step06 调整图层不透明度。设置图层【不透明度】为 50%，如图 12-104 所示。

图 12-104

Step07 描边选区。新建图层，执行【编辑】→【描边】命令，打开【描边】对话框，设置【宽度】为 5 像素，颜色为黄色 #f7ce76，如图 12-105 所示。描边效果如图 12-106 所示。

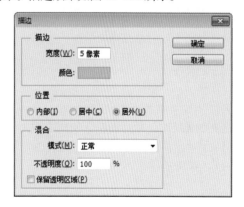

图 12-105

图 12-106

Step08 添加文字。使用【横排文字工具】 T，输入文字，设置字体为汉仪粗圆简，字体大小为 43 点，颜色为白色 #ffffff，效果如图 12-107 所示。

图 12-107

Step09 绘制路径。选择【矩形工具】 ■，拖动鼠标绘制路径，效果如图 12-108 所示。

图 12-108

Step10 调整路径形状。使用路径调整工具调整路径形状，效果如图 12-109 所示。

图 12-109

Step11 填充颜色。按【Ctrl+Enter】组合键，载入路径选区后，填充红色 #e11d4f，效果如图 12-110 所示。

图 12-110

Step12 添加文字。使用【横排文字工具】[T.] 在下方输入文字，设置字体为黑体，字体大小为 18 点，颜色为白色 #ffffff，效果如图 12-111 所示。

图 12-111

Step13 添加白色小文字。使用【横排文字工具】[T.] 在下方输入文字，设置字体为黑体，字体大小为 10 点，颜色为白色 #ffffff，效果如图 12-112 所示。

图 12-112

Step14 添加仿斜体文字样式。在【字符】面板中，单击【仿斜体】按钮 [T]，如图 12-113 所示。

图 12-113

Step15 添加字母。使用【横排文字工具】[T.] 输入右侧字母，设置字体为汉仪书宋一简，字体大小为 49 点，颜色为深红色 # e8386c，效果如图 12-114 所示。

图 12-114

Step16 创建矩形。新建图层，使用【矩形选框工具】[□] 创建选区，填充深红色 # c81623，效果如图 12-115 所示。

图 12-115

Step17 添加文字。使用【横排文字工具】 T,输入文字，设置字体为汉仪粗圆简，字体大小为 15 点，颜色为白色 #ffffff，效果如图 12-116 所示。

图 12-116

Step18 添加字母。使用【横排文字工具】 T,输入字母，设置字体为汉仪粗圆简，字体大小为 11 点，颜色为白色 #ffffff，效果如图 12-117 所示。

图 12-117

专家点拨

　　汉仪粗圆简体文字笔划圆润均匀，和店铺经营的女性用品——时尚女包非常匹配。

096 实战：手机京东海报

※ 案例说明

　　手机海报是一种手机促销广告，可以使用 Photoshop 中的相关工具进行设计制作，完成后的效果如图 12-118 所示。

图 12-118

※ 思路解析

　　手机海报用途是商品推广，展示店铺活动等。本实例首先营造节日场景，其次制作海报文字，最后添加财神主体图片，制作流程及思路如图 12-119 所示。

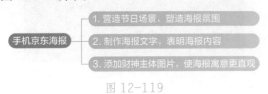

图 12-119

※ 步骤详解

Step01 新建文件。按【Ctrl+N】组合键，执行【新建】命令，打开【新建】对话框，设置【宽度】为 608 像素，【高度】为 608 像素，【分辨率】为 72 像素 / 英寸，单击【确定】按钮，如图 12-120 所示。

图 12-120

Step02 设置渐变色。选择【渐变工具】，在选项栏的【渐变编辑器】对话框中，设置渐变色标为红色 # ec004e、深红色 # 610031，单击【径向渐变】按钮，如图 12-121 所示。

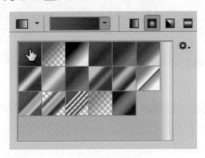

图 12-121

Step03 填充渐变色。从中心向外拖动鼠标，填充渐变色，效果如图 12-122 所示。

图 12-122

Step04 创建深紫红条。新建图层，使用【矩形选框工具】创建选区，填充深紫红色 # 610031，效果如图 12-123 所示。

图 12-123

Step05 添加灯笼素材。打开"网盘 \ 素材文件 \ 第 12 章 \ 灯笼 .tif"文件，添加到当前文件中，效果如图 12-124 所示。

图 12-124

Step06 复制灯笼。复制灯笼，移动到右侧适当位置，调整灯笼大小，效果如图 12-125 所示。

图 12-125

Step07 添加梅枝素材。打开"网盘＼素材文件＼第12章＼梅枝.tif"文件，添加到当前文件中，效果如图 12-126 所示。

图 12-126

Step08 复制梅枝。复制多个梅枝，调整位置和大小，效果如图 12-127 所示。

图 12-127

Step09 创建碎纸。新建图层，使用【多边形套索工具】创建选区，填充红色 #f60054，效果

如图 12-128 所示。

图 12-128

Step10 创建其他碎纸。使用相同的方法创建其他碎纸，执行【滤镜】→【模糊】→【高斯模糊】命令，打开【高斯模糊】对话框，设置【半径】为 1 像素，单击【确定】按钮，如图 12-129 所示。效果如图 12-130 所示。

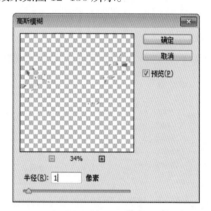

图 12-129

图 12-130

Step11 创建黄条。新建图层，使用【多边形套索工具】创建选区，填充黄色 # ffde00，效果如图 12-131 所示。

图 12-131

Step12 添加小文字。使用【横排文字工具】 T.，输入文字，设置字体为黑体，字体大小为 16 点，颜色为深红色 #960101，在【字符】面板中，单击【仿斜体】按钮，如图 12-132 所示，效果如图 12-133 所示。

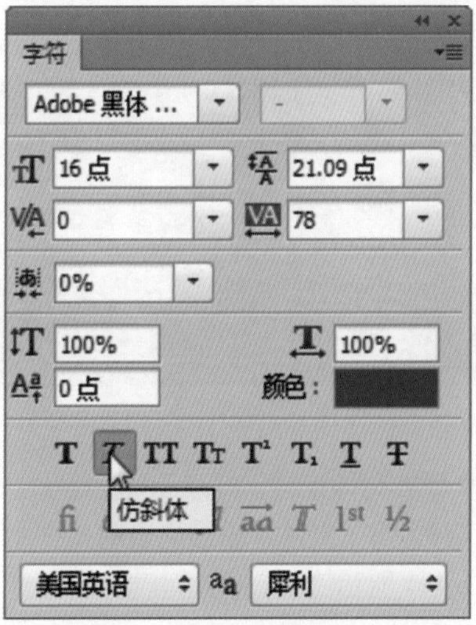

Step13 添加大文字。使用【横排文字工具】 T.，输入文字，设置字体为汉仪综艺体简，字体大小分别为 120 点和 100 点，颜色为黄色 # fff100，在【字符】面板中，单击【仿斜体】按钮，效果如图 12-134 所示。

图 12-134

Step14 添加投影图层样式。双击文字图层，在打开的【图层样式】对话框中，选中【投影】复选框，设置【不透明度】为 26%，【角度】为 120 度，【距离】为 3 像素，【扩展】为 0%，【大小】为 6 像素，选中【使用全局光】复选框，如图 12-135 所示。

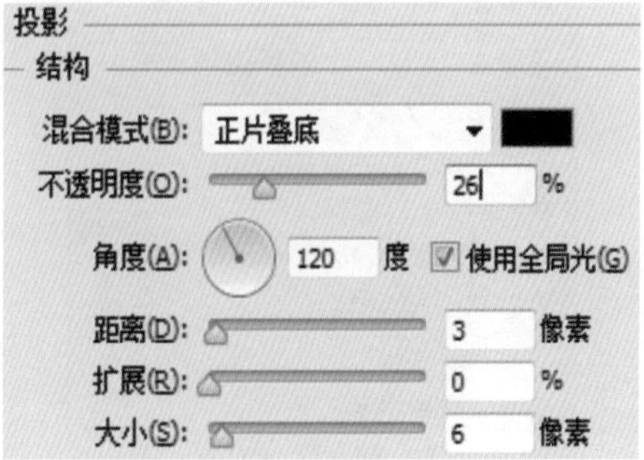

图 12-135

Step15 创建光限。使用柔边【画笔工具】 ✎ 绘制一些白色 #ffffff 和淡黄色 #fef5a6 的光限，效果如图 12-136 所示。

图 12-132

图 12-133

图 12-136

问：光限的作用是什么？

答：为文字创建光限效果，可以使文字看起来不呆板，与节日场景的光影相协调，更易融入环境中。

Step16 创建剪贴蒙版。执行【图层】→【创建剪贴蒙版】命令，创建剪贴蒙版，如图 12-137 所示，效果如图 12-138 所示。

图 12-137

图 12-138

Step17 添加白色文字。使用【横排文字工具】 输入白色文字，设置字体为汉仪中黑简，字体大小为 30 点，颜色为白色 #ffffff，在【字符】面板中，单击【仿斜体】按钮，效果如图 12-139 所示。

图 12-139

Step18 绘制圆角矩形形状。选择【圆角矩形工具】 ，在选项栏中，选择【形状】复选框，设置【填充】颜色为无，【描边】颜色 为白色，【粗细】为 2 点，【半径】为 5 像素，拖动鼠标绘制形状，效果如图 12-140 所示。

图 12-140

Step19 添加财神素材。打开"网盘\素材文件\第 12 章\财神 .tif"文件，添加到当前文件中，效果如图 12-141 所示。

图 12-141

Step20 添加投影图层样式。双击文字图层，在打开的【图层样式】对话框中，选中【投影】复选框，设置【不透明度】为 75%，【角度】为 120 度，【距离】为 2 像素，【扩展】为 0%，【大小】为 2 像素，选中【使用全局光】复选框，如图 12-142 所示，效果如图 12-143 所示。

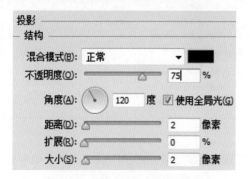

图 12-142

图 12-143

Step21 移动图层。移动碎纸图层到面板最上方，如图 12-144 所示，效果如图 12-145 所示。

图 12-144

图 12-145

美工经验

手机店铺首页规划

在对手机店铺进行装修时，要根据手机端的特点，对页面内容进行调整，最重要的是保证页面的浏览速度、保证视觉效果、保证营销氛围。根据这条思路对首页的内容进行规划。

在无线端首页装修中，必不可少的装修元素为店招、首屏、产品分类和宝贝推荐，优惠券和红包在店铺有活动时需要添加，每个节日都可以为店铺开展活动，打造出营销氛围，如图 12-146 所示。

店招	根据品牌、产品定位做引导进行设计
首屏首焦	可使用左文右图、单列模块、焦点图模块
优惠券红包	在店铺有活动时使用
产品分类	可结合文本模块、多图模块等进行设计
宝贝推荐	推荐店内爆款、主推款、新款，可使用双列模块、多图模块、宝贝排列模块等

图 12-146

12.2　手机详情页装修

手机详情页设计，要依据用户购物的特点，了解详情页设计的作用，确定详情页的内容及分类，最后确定淘宝详情页的排版。本节将介绍手机详情页装修设计。

097 实战：手机淘宝大众详情页

※ 案例说明

大众路线详情页定位为普通大众，设计要贴合消费群体的审美观念。使用 Photoshop 中的相关工具进行设计制作，完成后的效果如图 12-147 所示。

图 12-147

※ 思路解析

大众详情页设计对宝贝的展示要全面，充分吸引顾客的兴趣。本实例首先制作详情页标题，其次制作栏目块，最后添加细节块，制作流程及思路如图 12-148 所示。

图 12-148

※ 步骤详解

Step01 新建文件。按【Ctrl+N】组合键，执行【新建】命令，打开【新建】对话框，设置【宽度】为 620 像素，【高度】为 960 像素，【分辨率】为 72 像素 / 英寸，单击【确定】按钮，如图 12-149 所示。

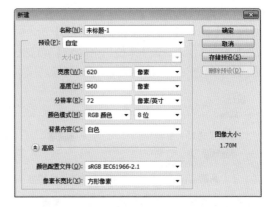

图 12-149

Step02 创建蓝条。新建图层，使用【矩形选框工具】创建选区，填充蓝色 #04b2fc，效果如图 12-150 所示。

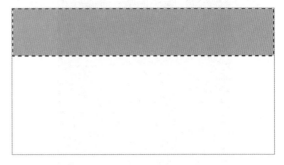

图 12-150

Step03 添加文字。使用【横排文字工具】输入文字，设置字体为汉仪大黑简和汉仪中等线简，字体大小为 48 点，颜色为白色 #ffffff，效果如图 12-151 所示。

图 12-151

Step04 **添加文字。** 使用【横排文字工具】T.输入下方小字，设置字体为黑体，字体大小为 18 点，颜色为白色 #ffffff，效果如图 12-152 所示。

图 12-152

Step05 **创建灰底。** 新建图层，使用【矩形选框工具】□创建选区，填充灰色 #e6e6e6，效果如图 12-153 所示。

图 12-153

Step06 **添加素材。** 打开"网盘\素材文件\第 12 章\轮滑鞋 .tif"文件，将其拖动到当前文件中，效果如图 12-154 所示。

图 12-154

Step07 **创建剪贴蒙版。** 执行【图层】→【创建剪贴蒙版】命令，创建剪贴蒙版，效果如图 12-155 所示。

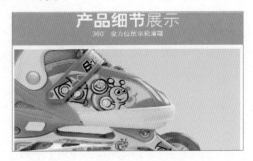

图 12-155

Step08 **添加文字。** 使用【横排文字工具】T.输入右侧蓝色文字，设置字体为汉仪粗黑简，字体大小为 30 点，颜色为蓝色 #04b2fc，效果如图 12-156 所示。

图 12-156

Step09 **创建蓝条。** 新建图层，使用【矩形选框工具】□在右侧创建选区，填充蓝色 #04b2fc，效果如图 12-157 所示。

图 12-157

Step10 添加文字。使用【横排文字工具】T.输入下方白色文字，设置字体为黑体，字体大小为15 点，颜色为白色 #ffffff，效果如图 12-158 所示。

图 12-158

Step11 创建灰底2。新建图层，使用【矩形选框工具】回创建选区，填充灰色 #e6e6e6，效果如图 12-159 所示。

图 12-159

Step12 添加素材。打开"网盘\素材文件\第 12 章\轮滑鞋 .tif"文件，将其拖动到当前文件中，效果如图 12-160 所示。

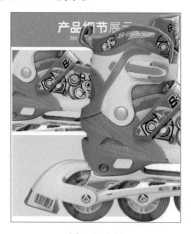

图 12-160

专家点拨

制作细节图时，要选择宝贝的重要部分，或者消费者比较重视的部位进行展示。例如，展示轮滑鞋的轮子细节。

Step13 创建剪贴蒙版。执行【图层】→【创建剪贴蒙版】命令，创建剪贴蒙版，效果如图 12-161 所示。

图 12-161

Step14 创建黄底。新建图层，使用【矩形选框工具】回创建选区，填充黄色 # ebbf5c，效果如图 12-162 所示。

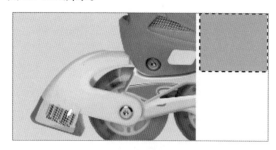

图 12-162

Step15 添加文字。使用【横排文字工具】T.输入右侧白色文字和字母，设置字体分别为汉仪粗黑简和黑体，字体大小分别为 30 点和 20 点，颜色为白色 #ffffff，效果如图 12-163 所示。

图 12-163

Step16 添加文字。使用【横排文字工具】T.，输入右下方文字，设置字体分别为汉仪粗黑简和汉仪中等线简，字体大小为 30 点，颜色为黄色 #ebbf5c，效果如图 12-164 所示。

图 12-164

Step17 添加文字。使用【横排文字工具】T.输入下方文字，设置字体为黑体，字体大小为 15 点，颜色为黄色 #ebbf5c，效果如图 12-165 所示。

图 12-165

Step18 绘制蓝线。设置前景色为蓝色 #04b2fc，新建图层，选择【直线工具】/，在选项栏中，选择【像素】选项，【粗细】为 2 像素，拖动鼠标绘制线条，效果如图 12-166 所示。

图 12-166

Step19 绘制圆形选区。使用【椭圆选框工具】○，创建圆形选区，效果如图 12-167 所示。

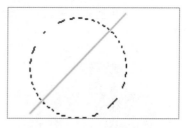

图 12-167

Step20 描边选区。新建图层，执行【编辑】→【描边】命令，打开【描边】对话框，设置【宽度】为 2 像素，颜色为蓝色 #04b2fc，单击【确定】按钮，如图 12-168 所示。

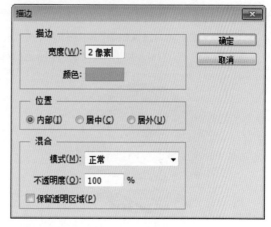

图 12-168

Step21 绘制蓝圆选区。新建图层，使用【椭圆选框工具】○，创建圆形选区，填充蓝色 #04b2fc，效果如图 12-169 所示。

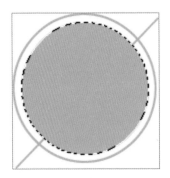

图 12-169

Step22 添加素材。打开"网盘\素材文件\第 12 章\轮滑鞋 .tif"文件，将其拖动到当前文件中，调整位置和大小，并创建剪贴蒙版，效果如图 12-170 所示。

图 12-170

Step23 添加文字。使用【横排文字工具】T，输入下方文字，设置字体为汉仪粗黑简，字体大小为 18 点，颜色为黑色 #000000，效果如图 12-171 所示。

图 12-171

Step24 创建并复制图层组。创建图层组，将细节展示图片放入图层组中，并复制两个图层组，如图 12-172 所示。

图 12-172

Step25 调整组的位置。拖动调整组的位置，效果如图 12-173 所示。

图 12-173

Step26 水平居中分布图层组。选中三个组，在选项栏中，单击【水平居中分布】按钮，如图 12-174 所示，效果如图 12-175 所示。

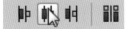

图 12-174

图 12-175

Step27 调整组内容。分别调整组的剪贴图片位置、文字内容，效果如图 12-176 所示。

图 12-176

　　制作多个细节图时,整体设计风格要统一,从细节上体现不同即可。

098 实战:手机淘宝品牌详情页

※ 案例说明

　　品牌详情页设计重点是打造品牌,可以使用 Photoshop 中的相关工具进行设计制作,完成后的效果如图 12-177 所示。

图 12-177

※ 思路解析

　　品牌详情页设计时内容不求多,但是要精致和高端。本实例首先营造顶部场景效果,其次制作广告文字,最后添加宝贝照片,制作流程及思路如图 12-178 所示。

图 12-178

※ 步骤详解

Step01 新建文件。 按【Ctrl+N】组合键,执行【新建】命令,打开【新建】对话框,设置【宽度】为 620 像素,【高度】为 960 像素,【分辨率】为 72 像素 / 英寸,单击【确定】按钮,如图 12-179 所示。

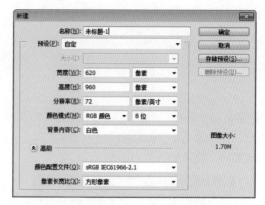

图 12-179

Step02 添加云素材。 打开"网盘 \ 素材文件 \ 第 12 章 \ 云 .tif"文件,添加到当前文件中,效果如图 12-180 所示。

图 12-180

Step03 混合图层。 在【图层】面板中更改图层混合模式为正片叠底,【不透明度】为 32%,如图 12-181 所示,效果如图 12-182 所示。

图 12-181

图 12-182

Step04 添加并修改图层蒙版。为图层添加图层蒙版，如图 12-183 所示，使用黑色【画笔工具】修改蒙版，效果如图 12-184 所示。

图 12-183

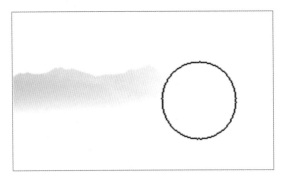

图 12-184

Step05 复制云。复制云图像，调整位置、大小和旋转角度，效果如图 12-185 所示。

图 12-185

Step06 添加并修改图层蒙版。为图层添加图层蒙版，使用黑色【画笔工具】修改蒙版，效果如图 12-186 所示。

图 12-186

Step07 混合图层。更改图层混合模式为正片叠底，【不透明度】为 20%，如图 12-187 所示，效果如图 12-188 所示。

图 12-187

图 12-188

Step08 添加文字。使用【横排文字工具】T,输入文字，设置字体为方正综艺简体，字体大小为 37.5 点，颜色为蓝绿色 #5f8c7c，效果如图 12-189 所示。

图 12-189

Step09 添加晚霞素材。打开"网盘\素材文件\第 12 章\晚霞 .tif"文件，添加到当前文件中，效果如图 12-190 所示。

图 12-190

Step10 创建剪贴蒙版。执行【图层】→【创建剪贴蒙版】命令，创建剪贴蒙版，效果如图 12-191 所示。

图 12-191

Step11 添加碗素材。打开"网盘\素材文件\第 12 章\碗 .tif"文件，添加到当前文件中，效果如图 12-192 所示。

图 12-192

Step12 绘制碗投影。新建图层，移动到碗图层下方，使用【椭圆选框工具】○,创建圆形选区，效果如图 12-193 所示。

图 12-193

Step13 羽化选区。按【Shift+F6】组合键，执行【羽化选区】命令，打开【羽化选区】对话框，设置【羽化半径】为 5 像素，单击【确定】按钮，如图 12-194 所示。

图 12-194

Step14 填充选区。为选区填充黑色 #000000，效果如图 12-195 所示。

图 12-195

Step15 添加素材。打开"网盘＼素材文件＼第 12 章＼山水 .jpg"文件，添加到当前文件中，效果如图 12-196 所示。

图 12-196

Step16 添加并修改图层蒙版。为图层添加图层蒙版，如图 12-197 所示，使用黑白【渐变工具】🔲修改蒙版，效果如图 12-198 所示。

图 12-197

图 12-198

Step17 绘制圆角矩形。新建图层，设置前景色为深绿色 #012501，选择工具箱中的【圆角矩形工具】🔲，在属性栏中，选择【像素】复选框，设置【半径】为 10 像素，拖动鼠标左键绘制圆角矩形，效果如图 12-199 所示。

图 12-199

Step18 绘制路径。选择工具箱中的【圆角矩形工具】🔲，在属性栏中，选择【路径】复选框，设置【半径】为 10 像素，拖动鼠标左键绘制路径，效果如图 12-200 所示。

图 12-200

Step19 载入路径选区。按【Ctrl+Enter】组合键，载入路径选区，效果如图 12-201 所示。

图 12-201

Step20 白线描边。新建图层，执行【编辑】→【描边】命令，打开【描边】对话框，设置【宽度】为 1 像素，颜色为白色 #ffffff，单击【确定】按钮，如图 12-202 所示，效果如图 12-203 所示。

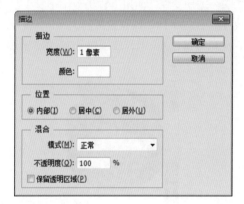

图 12-202

图 12-203

Step21 添加文字。使用【横排文字工具】 T 输入文字，设置字体为方正综艺简体，字体大小为 30 点，颜色为白色 #ffffff，效果如图 12-204 所示。

图 12-204

Step22 创建矩形1。新建图层，使用【矩形选框工具】 创建选区，填充白色 #ffffff，效果如图 12-205 所示。

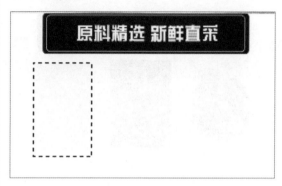

图 12-205

Step23 添加红苕素材。打开"网盘\素材文件\第 12 章\红苕.jpg"文件，添加到当前文件中，效果如图 12-206 所示。

图 12-206

Step24 创建剪贴蒙版。执行【图层】→【创建剪贴蒙版】命令，创建剪贴蒙版，效果如图 12-207 所示。

图 12-207

Step25 添加瓜素材。使用相同的方法创建矩形

2，打开"网盘＼素材文件＼第 12 章＼瓜 .jpg"文件，添加到当前文件中，并创建剪贴蒙版，效果如图 12-208 所示。

图 12-208

Step26 添加果素材。使用相同的方法创建矩形 3，打开"网盘＼素材文件＼第 12 章＼果 .jpg"文件，添加到当前文件中，并创建剪贴蒙版，效果如图 12-209 所示。

图 12-209

Step27 添加文字。使用【直排文字工具】 IT.输入文字，设置字体为汉仪大黑简，字体大小为 10 点，颜色为深绿色 #012501，效果如图 12-210 所示。

图 12-210

Step28 创建绿矩形 1。新建图层，使用【矩形选框工具】 创建选区，填充深绿色 #012501，效

果如图 12-211 所示。

图 12-211

Step29 添加文字。使用【直排文字工具】 IT.输入文字，设置字体为汉仪大黑简，字体大小为 10 点，颜色为白色 #ffffff，效果如图 12-212 所示。

图 12-212

Step30 继续创建图像。使用相同的方法创建绿矩形 2 和绿矩形 3，并添加白色文字，效果如图 12-213 所示。

图 12-213

 美工经验

宝贝详情页的基本组成

详情页就是详细介绍宝贝情况的页面，其包含了产品以及要传达给顾客的所有信息，好的详情页能进一步激发顾客的购买欲望。

宝贝详情页直接决定着网店宝贝的成交与

否。宝贝详情页不能太简单也不能太繁杂。以衣服店铺为例，我们可以把详情页分为五大必要类别。

1.买家评价详情

与其显示销量多贴些好评如潮的截图，还不如多些给力好评，因为消费者会认为那些截图都不是真实的，所以消费者更愿意相信其他消费者的评价，在买家使用的评价中可以进一步提高对此商品的认同感。

2.细节图

近距离展示商品亮点，展示清晰的细节（近距离拍摄），如服装类要呈现面料、内衬、颜色、扣 / 拉链、走线和特色装饰等细节，特别是领子、袖子、腰身和下摆等部位，如有色差需要说明，可搭配简洁的文字说明，如图 12-214 所示。

图 12-214

3.商品图

展示商品全貌：商品正面、背面清晰图。可根据衣服本身的特点选择挂拍或平铺，运用可视化的图标描述厚薄、透气性、修身性、衣长、材质等产品相关信息，如图 12-215 所示。

图 12-215

4.尺码图（他人尺码试穿）

帮助用户自助选择合适的尺码，该商品特有的尺码描述（非全店通用），如图 12-216 所示。模特信息突出身材参数，建议有试穿体验（多样的身材）。

此尺码参考已购买客户身高体重及穿着尺码，建议		
身高	体重	参考尺码
150	88	S/XS
155	90	S
155	100	M
158	130	XL
160	90	S
160	110	M
160	116	L
163	130	XL
165	102	S
165	110	M
165	118	L
170	110	L
172	125	L
172	110	M
170	136	XL

文胸尺码表						
上围尺寸	下围+10.0CM	下围+12.5CM	下围+15.0CM	下围+17.5CM	下围+20.0CM	下围+22.5CM
下围尺寸						
67.5-72.5	A70 32A	B70 32B	C70 32C	D70 32D	E70 32E	F70 32F
72.5-77.5	A75 34A	B75 34B	C75 34C	D75 34D	E75 34E	F75 34F
77.5-82.5	A80 36A	B80 36B	C80 36C	D80 36D	E80 36E	F80 36F
82.5-87.5	A85 38A	B85 38B	C85 38C	D85 38D	E85 38E	F85 38F
87.5-92.5	A90 40A	B90 40B	C90 40C	D90 40D	E90 40E	F90 40F

图 12-216

5.模特图

展示商品上身效果，激发购买冲动，模特符合品牌的定位，清晰的大图（全身），呈现正面、背面和侧面的上身效果。若有多个颜色，以主推颜色为主，其他颜色辅以少量展示，排版宽度一致（可以采用拼贴），减少无意义留白，如图 12-217 所示。

图 12-217

12.3 同步实训

通过前面内容的学习，相信读者已熟练掌握了在 Photoshop 中进行移动端店铺美工设计的方法。为了巩固所学内容，下面安排两个同步训练，读者可以结合分析思路自己动手强化练习。

099 实训：手机淘宝焦点图

※ 案例说明

焦点图主要是为了促销和引人注目，可以使用 Photoshop 中的相关工具进行设计制作，完成后的效果如图 12-218 所示。

图 12-218

※ 思路解析

好的焦点图能吸引买家眼球，并不断地吸引买家点击。本实例首先制作动感底图，其次恢复部分动感底图，最后添加文字，制作流程及思路如图 12-219 所示。

淘宝焦点图 ── 1. 制作动感底图，寓予画面动感
　　　　　── 2. 恢复部分动感底图，得到动静对比图
　　　　　── 3. 添加文字，点明广告促销内容

图 12-219

※ 关键步骤

关键步骤一：新建文件。 按【Ctrl+N】组合键，执行【新建】命令，打开【新建】对话框，设置【宽度】为 608 像素，【高度】为 304 像素，【分辨率】为 72 像素 / 英寸，单击【确定】按钮。

关键步骤二：添加素材。 打开"网盘 \ 素材文件 \ 第 12 章 \ 女装模特 .jpg"文件，将其拖动到当前文件中。复制女装模特图层。执行【滤镜】→【模糊】→【动感模糊】命令，设置【角度】为 50 像素，【距离】为 20 像素，单击【确定】按钮。

关键步骤三：添加图层蒙版。 在【图层】面板中，单击【添加图层蒙版】按钮，为图层添加图层蒙版，使用黑色【画笔工具】在右侧涂抹修改蒙版。

关键步骤四：添加文字。 使用【横排文字工具】输入文字，设置字体为微软雅黑，字体大小为 12 点，颜色为洋红色 #ff1574。使用【横排文字工具】输入字母，设置字体为微软雅黑，字体大小为 50 点，颜色为浅红色 #fc7878。

关键步骤五：添加文字。 使用【横排文字工具】输入黑色文字，设置字体为黑体，字体大小为 20 点，颜色为黑色 #000000。使用【横排文字工具】输入下方文字，设置字体为黑体，字体大小分别为 31 点和 50 点，颜色分别为黑色 #000000 和洋红色 #ff1574。

100 实训：手机京东单列活动海报

※ 案例说明

手机京东单列活动海报用于促销产品，可以使用 Photoshop 中的相关工具进行设计制作，完成后的效果如图 12-220 所示。

图 12-220

※ 思路解析

　　手机京东单列活动海报要根据促销产品进行设计。本实例首先制作环保背景，其次制作宝贝展示效果，最后添加广告文字，制作流程及思路如图 12-221 所示。

图 12-221

※ 关键步骤

　　关键步骤一：新建文件。按【Ctrl+N】组合键，执行【新建】命令，打开【新建】对话框，设置【宽度】为 686 像素，【高度】为 362 像素，【分辨率】为 72 像素 / 英寸，单击【确定】按钮。

　　关键步骤二：填充背景创建矩形。设置前景色为浅绿色 #ddffdb，按【Alt+Delete】组合键填充背景。新建图层，使用【矩形选框工具】創建选区，填充绿色 #0dce06。

　　关键步骤三：添加腿部素材。打开"网盘 \ 素材文件 \ 第 12 章 \ 腿部 .tif"文件，添加到当前文件中。

　　关键步骤四：绘制白圆。新建图层，使用【椭圆选框工具】創建圆形选区，填充白色 #ffffff。

　　关键步骤五：添加描边图层样式。双击图层，在【图层样式】对话框中，选中【描边】复选框，设置【大小】为 10 像素，描边颜色为白色 # ffffff。

　　关键步骤六：添加丝袜素材。打开"网盘 \ 素

材文件 \ 第 12 章 \ 丝袜 .tif"文件，添加到当前文件中。

　　关键步骤七：创建剪贴蒙版。执行【图层】→【创建剪贴蒙版】命令，创建剪贴蒙版。

　　关键步骤八：添加花叶素材。打开"网盘 \ 素材文件 \ 第 12 章 \ 花叶 .jpg"文件，添加到当前文件中。

　　关键步骤九：添加图层蒙版。在【图层】面板中，单击【添加图层蒙版】按钮，为图层添加图层蒙版，使用黑色【画笔工具】修改蒙版。

　　关键步骤十：绘制绿圆底。新建图层，使用【椭圆选框工具】創建圆形选区，填充绿色 # 0dce06。设置图层【不透明度】为 20%。

　　关键步骤十一：绘制绿圆。新建图层，使用【椭圆选框工具】創建圆形选区，填充绿色 # 0dce06。

　　关键步骤十二：添加文字。使用【横排文字工具】输入文字，设置字体为方正兰亭超细黑简体，字体大小为 20 点，颜色为白色 #ffffff。使用【横排文字工具】输入右侧黑色文字，设置字体为黑体，字体大小为 14 点，颜色为黑色 #000000。使用【横排文字工具】输入绿色字母，设置字体为方正兰亭超细黑简体，字体大小为 24 点，颜色为黑色 #04ab00，使用【横排文字工具】输入中间墨绿色文字，设置字体为华康海报体，字体大小为 50 点，颜色为墨绿色 # 3d7b52。

　　关键步骤十三：添加投影图层样式。双击文字图层，打开【图层样式】对话框，选中【投影】复选框，设置【不透明度】为 13%，【角度】为 120 度，【距离】为 6 像素，【扩展】为 0%，【大小】为 5 像素，选中【使用全局光】复选框。

　　关键步骤十四：添加文字。使用【横排文字工具】输入下方墨绿色小字，设置字体为黑体，字体大小为 16 点，颜色为墨绿色 # 3d7b52。在【字符】面板中，设置字距为 499。使用【横排文字工具】输入下方文字，设置字体为黑体，字体大小为 34 点，颜色为白色 #ffffff 和黄色 #fcca03。

附录A
Photoshop CC工具与快捷键索引

工具名称	快捷键	工具名称	快捷键
移动工具	V	矩形选框工具	M
椭圆选框工具	M	套索工具	L
多边形套索工具	L	磁性套索工具	L
快速选择工具	W	魔棒工具	W
吸管工具	I	颜色取样器工具	I
标尺工具	I	注释工具	I
透视裁剪工具	C	裁剪工具	C
切片选择工具	C	切片工具	C
修复画笔工具	J	污点修复画笔工具	J
修补工具	J	内容感知移动工具	J
画笔工具	B	红眼工具	J
颜色替换工具	B	铅笔工具	B
仿制图章工具	S	混合器画笔工具	B
历史记录画笔工具	Y	图案图章工具	S
橡皮擦工具	E	历史记录艺术画笔工具	Y
魔术橡皮擦工具	E	背景橡皮擦工具	E
油漆桶工具	G	渐变工具	G
加深工具	O	减淡工具	O
钢笔工具	P	海绵工具	O

续表

工具名称	快捷键	工具名称	快捷键
横排文字工具	T	自由钢笔工具	P
横排文字蒙版工具	T	直排文字工具	T
路径选择工具	A	直排文字蒙版工具	T
矩形工具	U	直接选择工具	A
椭圆工具	U	圆角矩形工具	U
直线工具	U	多边形工具	U
抓手工具	H	自定形状工具	U
缩放工具	Z	旋转视图工具	R
前景色 / 背景色互换	X	默认前景色 / 背景色	D
切换屏幕模式	F	切换标准 / 快速蒙版模式	Q
临时使用吸管工具	Alt	临时使用移动工具	Ctrl
减小画笔大小	[	临时使用抓手工具	空格
减小画笔硬度	{	增加画笔大小	]
选择上一个画笔	,	增加画笔硬度	}
选择第一个画笔	<	选择下一个画笔	,
选择最后一个画笔	>		

附录B
Photoshop CC命令与组合键索引

1.【文件】菜单组合键

文件命令	组合键	文件命令	组合键
新建 ...	Ctrl+N	打开 ...	Ctrl+O
在 Bridge 中浏览 ...	Alt+Ctrl+O Shift+Ctrl+O	打开为 ...	Alt+Shift+Ctrl+O
关闭	Ctrl+W	关闭全部	Alt+Ctrl+W
关闭并转到 Bridge...	Shift+Ctrl+W	存储	Ctrl+S
存储为 ...	Shift+Ctrl+S Alt+Ctrl+S	存储为 Web 所用格式 ...	Alt+Shift+Ctrl+S
恢复	F12	文件简介 ...	Alt+Shift+Ctrl+I
打印 ...	Ctrl+P	打印一份	Alt+Shift+Ctrl+P
退出	Ctrl+Q		

2.【编辑】菜单组合键

编辑命令	组合键	编辑命令	组合键
还原 / 重做	Ctrl+Z	前进一步	Shift+Ctrl+Z
后退一步	Alt+Ctrl+Z	渐隐 ...	Shift+Ctrl+F
剪切	Ctrl+X 或 F2	复制	Ctrl+C 或 F3
合并复制	Shift+Ctrl+C	粘贴	Ctrl+V 或 F4
原位粘贴	Shift+Ctrl+V	贴入	Alt+Shift+Ctrl+V
填充 ...	Shift+F5	内容识别比例	Alt+Shift+Ctrl+C
自由变换	Ctrl+T	再次变换	Shift+Ctrl+T
颜色设置 ...	Shift+Ctrl+K	键盘组合键 ...	Alt+Shift+Ctrl+K
菜单 ...	Alt+Shift+Ctrl+M	首选项	Ctrl+K

3.【图像】菜单组合键

图像命令	组合键	图像命令	组合键
色阶 ...	Ctrl+L	曲线 ...	Ctrl+M
色相 / 饱和度 ...	Ctrl+U	色彩平衡 ...	Ctrl+B
黑白 ...	Alt+Shift+Ctrl+B	反相	Ctrl+I
去色	Shift+Ctrl+U	自动色调	Shift+Ctrl+L
自动对比度	Alt+Shift+Ctrl+L	自动颜色	Shift+Ctrl+B
图像大小 ...	Alt+Ctrl+I	画布大小 ...	Alt+Ctrl+C

4.【图层】菜单组合键

图层命令	组合键	图层命令	组合键
新建图层	Shift+Ctrl+N	新建通过拷贝的图层	Ctrl+J
新建通过剪切的图层	Shift+Ctrl+J	创建 / 释放剪贴蒙版	Alt+Ctrl+G
图层编组	Ctrl+G	取消图层编组	Shift+Ctrl+G
置为顶层	Shift+Ctrl+]	前移一层	Ctrl+]
后移一层	Ctrl+[	置为底层	Shift+Ctrl+[
合并图层	Ctrl+E	合并可见图层	Shift+Ctrl+E
盖印选择图层	Alt+Ctrl+E	盖印可见图层到当前层	Alt+Shift+Ctrl+A

6.【选择】菜单组合键

选择命令	组合键	选择命令	组合键
全部选取	Ctrl+A	取消选择	Ctrl+D
重新选择	Shift+Ctrl+D	反向	Shift+Ctrl+I Shift+F7
所有图层	Alt+Ctrl+A	调整边缘 ...	Alt+Ctrl+R
羽化 ...	Shift+F6	查找图层	Alt+Shift+Ctrl+F

7.【滤镜】菜单组合键

滤镜命令	组合键	滤镜命令	组合键
上次滤镜操作	Ctrl+F	镜头校正 …	Shift+Ctrl+R
液化 …	Shift+Ctrl+X	消失点 …	Alt+Ctrl+V
自适应广角	Shift+Ctrl+A		

8.【视图】菜单组合键

视图命令	组合键	视图命令	组合键
校样颜色	Ctrl+Y	色域警告	Shift+Ctrl+Y
放大	Ctrl++ 或 Ctrl+=	缩小	Ctrl+–
按屏幕大小缩放	Ctrl+0	实际像素	Ctrl+1 Alt+Ctrl+0
显示额外内容	Ctrl+H	显示目标路径	Shift+Ctrl+H
显示网格	Ctrl+'	显示参考线	Ctrl+;
标尺	Ctrl+R	对齐	Shift+Ctrl+;
锁定参考线	Alt+Ctrl+;		

9.【窗口】菜单组合键

窗口命令	组合键	窗口命令	组合键
动作面板	Alt+F9 或 F9	画笔面板	F5
图层面板	F7	信息面板	F8
颜色面板	F6		

10.【帮助】菜单组合键

帮助命令	组合键
Photoshop 帮助	F1